世界名猫
驯养百科
THE COMPLETE
CAT
BREED
BOOK

DK

世界名猫驯养百科

THE COMPLETE

CAT

BREED

BOOK

〔英〕吉姆·丹尼斯－布莱恩　编著　　章华民　译

河南科学技术出版社
· 郑州 ·

目　　录

猫类介绍

INTRODUCTION TO CATS

什么是猫？（WHAT IS A CAT?）

家猫是当今世界上最受人们喜爱的宠物之一，但它们并非天生驯服。在约10 000年前的近东地区，啮齿类动物偷吃乡村和城市中人们存储的粮食，而人们发现猫类捕食它们，人与猫的关系史从此拉开了序幕。虽然早在约公元前2000年埃及人已将猫驯养为宠物，但只是在过去的百年间人们才开始繁育出形态多样的猫的品种。

猫是天生敏捷的运动者

猫的进化史

在早期类人型灵长动物行走于地球之前，家猫的祖先已有久远的历史。所有与猫类似的动物——从老虎、美洲豹等大型动物，到小型动物如猞猁和豹猫——都归为哺乳纲食肉目中的猫科，现有41个存活种类。最早的类猫食肉动物出现于约3 500万年前，化石证据表明，现代猫科动物约1 100万年前在亚洲开始出没。然而我们熟知的大型猫科动物如狮子，是在较晚的200万~400万年前才开始进化的。这一时期的干燥温暖气候为大群的食草动物提供了开阔的栖息地，这些食草动物皮肤软嫩，容易为身形矫健的食肉猫科动物捕食撕咬，而另外一些行动不太灵活的猫科种类如剑齿虎逐渐灭绝了。最新进化的猫科种类有猞猁（美国和欧洲地区）、短尾猫（美国）、亚洲豹猫（东南亚）和野猫（非洲、欧洲和亚洲）。家猫起源于非洲野猫，通常被认为是非洲野猫的亚种。

驯化

约10 000年前，生活在近东地区的人类开始种植谷物类作物并存储余粮。人们发现鼠类会潜入谷仓偷吃粮食，但它们被非洲野猫一类的小型肉食动物捕食，很快猫与人类的融洽关系发展起来：猫从人类生活招引来的鼠类身上获得稳定的食物供应，人们也因在城市和乡村生活中与猫共处而找到适宜的控制鼠害的方法。

野生猫种天性对人类警觉，但长期以来人们在自然繁育中

猫科谱系图

■这个图显示家猫和其他猫科动物的基因关联，图中的猫科动物与家猫位置越近，它们的基因构成就越相似。

■所有的猫科动物都是食肉动物——它们只吃肉，不能靠植物性食物生存下来。

■尽管它们体型各异，但大多数猫科动物都有一些相同的身体特征——它们有柔软健壮的身体、大大的眼睛和可伸缩的爪子，大多数还有占身体长度一半的尾巴。

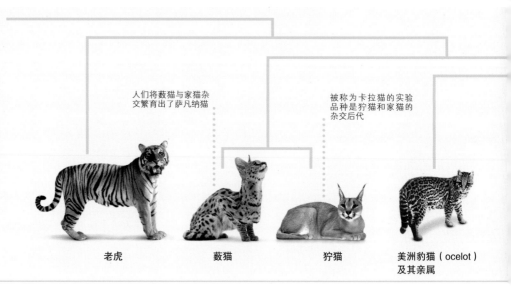

人们将薮猫与家猫杂交繁育出了萨凡纳猫

被称为卡拉猫的实验品种是狞猫和家猫的杂交后代

老虎　　　薮猫　　　狞猫　　　美洲豹猫（ocelot）及其亲属

刻意选择最不畏惧人类，并足以适应从孤独猎手到同人类与其他猫种亲密接触的变化的品种。到公元前2000年左右，猫最终完全被驯化，它们作为颇受人们喜爱的宠物开始生活在古埃及人的家庭中。家猫帮助人们控制鼠害，并从埃及传播至世界各地。

猫的品种

　　19世纪晚期，人们开始热衷于猫的品种繁育和表演，热爱猫的人被称为"猫迷"。人们建立了猫的注册登记机构来设定品种标准并存档纯种猫的谱系资料。现在世界上有数家国际猫种注册机构，登记在册的猫的品种超过100种，但同一品种并不一定得到全部注册机构的共同认可。猫的品种的认定主要依据以下特征：体形和头形；被毛颜色和纹理；眼睛形状和颜色；习性；无毛、短尾或折耳等个性特征。

　　长期以来，人们通过对纯种猫的多代选择繁育来完善其理想特征，但同一窝幼猫仍有可能被认定出两个品种，这取决于幼猫遗传了父母哪一方的主要基因。早期的猫的品种多为天然品种，地域特征明显，包括缅因库恩猫（来自美国东部缅因州）和土耳其梵猫（来自土耳其）。今天繁育者们了解了猫的品质特征、遗传机制，他们利用具有新颖特征的猫来繁育新品种，比如卷耳猫。将家猫和野生亲属杂交也能培养出新品种，如孟加拉猫（带有部分亚洲豹猫血缘）和萨凡纳猫（带有部分薮猫血缘）。大多数家猫都是随意繁育的结果，并无固定的品种特征。

野性
家猫显示出许多与野生亲属一样的本能习性，比如它们经常伸展肢体来保持肌肉的灵活性，用于冲刺追捕猎物或避开危险。

孟加拉猫是亚洲豹猫和家猫的杂交品种

家猫和丛林猫杂交繁育出非洲狮子猫品种

非洲野猫是和家猫血缘最近的亲属

短尾猫　　　　猞猁　　　　亚洲豹猫（leopard cat）　　　　丛林猫　　　　非洲野猫　　　　家猫

基因奠基者效应

　　家猫从埃及传播到世界各地，它们跟随人们经陆地商业通道旅行，或登上船只远航至像美洲那样的新大陆。这些家猫很快在新领地建立起独立的种群，如果其中任何一只"开拓者"猫咪带有鲜明的遗传基因特征，这一特征就极可能成为未来猫族中的普遍特征。在猫咪品种混杂且种群数量庞大时，那些易带来疾病和缺陷的遗传基因通常会逐渐消失。

　　这些"开拓者"猫咪的基因影响被称为奠基者效应，它解释了为什么某些特殊遗传基因今天依然在世界上一些地区存在。最著名的奠基者效应的例子有英王领地曼岛上的曼岛猫的无尾特征，以及北美东海岸猫咪常见的多趾畸形特征（一种导致生出多余脚趾的基因突变现象）。

多趾猫咪
有多余脚趾的猫咪叫作多趾猫咪，常见于北美东海岸的猫群。

只猫咪只显现短被毛，而不会具有中间效应长出中等长度的被毛。

　　有时基因会突变（基因结构的变化）并造成不同寻常的生理特征，这种基因突变能遗传给下一代。繁育者通过利用有理想基因突变的猫咪品种培养出新品种，比如卷毛猫。然而基因突变会造成许多严重遗传性疾病，如果过分注重在范围狭窄的基因库中选择基因来培养具体特征，可能会导致新的猫咪遗传性疾病（见244、245页）。

被毛长度和基因
猫咪的被毛长度由基因控制，最常见的基因形式生成短被毛。这种显性短被毛基因覆盖了隐性长被毛基因，因此具有两种被毛基因的猫咪只会长出短被毛。

猫咪基因

　　基因携带生命遗传必需的所有信息，它们不仅控制猫体内的化学进程，还携带控制猫身体特征属性的信息，如眼睛形状和颜色、被毛颜色和厚度。基因存在于肌体细胞核的染色体结构中，家猫拥有38条染色体，分为两组，两组中的38条染色体互相对应。其中一组遗传父系基因，另一组遗传母系基因。因为有这样两组基因，一只猫咪能同时拥有来自父母任何一方的基因，有些基因会有变体，能产生不同于父母的特征和习性。

　　如果只需某种基因的一个副本来遗传特征，这一基因叫作"显性基因"，比如斑纹被毛基因是显性基因。如果需要某种基因的两个副本来遗传特征，这一基因叫作"隐性基因"，比如长被毛基因是隐性基因。如果一只猫咪同时拥有显性短被毛基因和隐性长被毛基因，隐性长被毛基因会被"掩盖"，这

显性和隐性基因

深色被毛的猫咪至少带有一种显性密集色素基因（以D为代表符号），可生成色素重的被毛；而这种色素基因的隐性形式（以d为代表符号）会减少色素含量，冲淡猫咪被毛的颜色。比方说，如果两只黑色被毛猫咪（二者都带有两种黑色被毛基因B），每一只都带有一份密集色素基因D和一份冲淡色素基因d，那么两只黑色被毛猫咪有1/4的概率产下一只蓝色（被冲淡的黑色）被毛的猫崽。

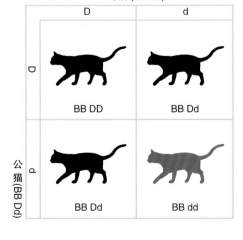

母猫 (BB Dd)

	D	d
D	BB DD	BB Dd
d	BB Dd	BB dd

公猫 (BB Dd)

蓝猫
一只"蓝"猫拥有两份隐性冲淡色素基因。如果猫咪拥有两份显性密集色素基因或者一份密集色素基因和一份冲淡色素基因，那么它就会长有黑色被毛。

猫类解剖学

　　猫科动物具有捕食动物的身体构造。骨架进化得极具爆发力和灵活性，四肢修长，脊椎灵活度高，狭长的胸廓适宜在突然加速时保护心脏和肺部，肩胛骨不与骨骼其他部位相连，但由肌肉和韧带固定位置，可使猫咪在奔跑中伸长步幅。

　　家猫的脑组织要比野猫的小约25％，因为野猫大脑中负责映射大面积区域的脑组织在仅仅活动于小面积区域的家猫身上已经不需要。此外，家猫也比它的野猫亲戚体形小一些。

猫的胡须
猫的胡须已经进化为触觉感官，可帮助它在黑暗中导向和探测近前的物体。

黑暗中的猫眼
猫在捕食中用间距很宽的大眼睛直视前方来测定距离，它的眼睛的夜视能力被脉络膜层加强，这个视网膜位置后的反射层能反射透过视网膜进入眼睛的任何光线。

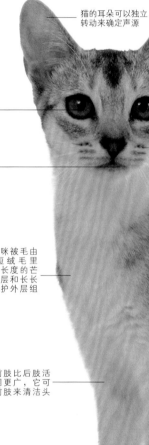

猫的耳朵可以独立转动来确定声源

猫被毛下的皮肤颜色通常与被毛相同

猫的食肉牙齿
一只成年猫有30颗牙齿：门齿用于叼物和梳理被毛，犬齿用于刺穿和抓紧猎物，食肉齿（臼齿）长在两侧用来分割磨碎肉食。

典型的猫咪被毛由柔软的短绒毛里层、中等长度的芒状保温毛层和长长的针毛保护外层组成

猫的脚趾和爪子
猫是趾行类动物，即靠脚趾行走。猫的脚趾有弯曲的爪子，用于搔痒、磨砺、打斗和抓牢。猫的爪子可以伸缩，在悄然行动时可以缩进爪鞘。

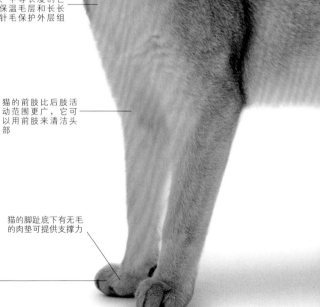

猫的前肢比后肢活动范围更广，它可以用前肢来清洁头部

猫的脚趾底下有无毛的肉垫可提供支撑力

作为食肉动物，猫的肠道较短，这样有利于消化肉食而非植物。家猫的肠道比野猫稍长，这反映出饮食结构的变化，因为几千年来家猫经常摄入人们剩余的谷物类食物。

猫在口部、尾部和爪部周围的皮肤上分布有气味腺，它靠这些气味和搔抓体表来标记自己的活动领地。猫的眼睛对细小的活动高度敏感，但它主要是夜视动物，所以色彩感觉很差。猫比人类的听觉范围要广，能够探知啮齿类动物高音频的吱吱叫声。除了敏锐的味觉和嗅觉，猫的口腔上部也有感官存在，即犁鼻器。为了利用这一感官，猫要在搜索气味（通常为其他猫类留下的气味）时控制它的面部（称为裂唇嗅反应）。猫面部的胡须对碰触和感知气流高度敏感。

食肉动物本性
猫咪已经演化成为优秀的猎手：它们拥有探测猎物的敏锐感官、能追击猎物的轻盈运动型身躯，速度爆发力强，凶猛的利爪和尖牙用来抓住和杀死猎物。

猫的共性特征
所有家猫都有相似的身体构造。人们对猫的选择性繁育培养出了体形和大小各异的个体，但仍然可看出几乎所有的猫咪品种都与它们的野猫祖先有血缘关系。

猫咪用尾部的姿势和运动来表明它的情绪

在奔跑和猛扑时，猫咪强健的后肢赋予其推动力

家猫的腿部比野猫的略短

猫的平衡能力
猫咪靠尾巴保持平衡，它高度复杂的肌肉分布使其活动范围广泛。

翻正反射
当猫咪从篱墙和树上掉落时，它有着令人惊异的天生灵活能力，可以将身体右侧向上翻转。一旦猫咪感觉方向错位，它会先旋转头部、前肢，继而是后躯，柔软的脚垫和灵活的关节也有助于减轻触地的冲击力。然而尽管猫咪有此先天能力，落地或摔落仍对其具有危险性。

头部转动

前肢回转

后躯旋转

落地时腿部伸展

体形

　　东方猫咪品种，比如暹罗猫，通常身躯修长柔软，四肢和尾巴细长。这种体形特别适宜温热气候，因为与体积相对应的散热面积较大而散热快。而西方猫咪品种，如英国短毛猫和大多数长毛猫，则适合温和凉爽的地区，它们大多身材粗短，尾巴和四肢粗大，能最大限度地减少体表面积和热量丧失。其他品种，如布偶猫，体形介于前两者之间。

修长的运动型身躯

中等身材

粗短身材

头形

　　猫咪有三种基本头形。大多数猫咪品种，包括英国短毛猫、欧洲短毛猫和美国短毛猫，长有圆头颅和楔形脸庞，与它们的野猫亲属相似；有些品种，包括暹罗猫和德文卷毛猫，脸形要长得多，极端一点的呈楔形；其他品种，如波斯猫，被人们描述长有一张娃娃脸。还有些品种的猫咪，圆脸平鼻，有时会出现呼吸障碍。

圆形楔状脸

长楔脸

圆平脸（前部）

圆平脸（侧面）

尾巴形状

　　大多数家猫生有长尾巴，尽管比它们的野猫祖先的要短一些。猫咪的尾巴用来保持平衡和进行交际。东方品种猫的尾巴常常细而富有弹性，其状如鞭；而像美国、日本短尾猫和曼岛猫的定义特征之一则是短而粗的尾巴，有时弯曲、扭结或干脆完全缺失；另外一个品种，美国卷尾猫，尾部异常弯曲，这并非因为尾部骨骼畸形，而是因为它具有比普通猫咪强壮得多的尾肌。

长尾

短尾

环形尾

眼睛颜色和形状

　　家猫有着大而迷人的眼睛，可呈现以橙色、绿色和蓝色为主色调且深浅多样的色彩。有些猫咪更为奇特，双眼颜色不一，通常为一只蓝眼睛搭配一只绿色或橙色眼睛。猫咪的眼睛形状也因品种而异，一些品种如夏特尔猫和波斯猫有着圆圆的眼睛，而其他品种如缅因库恩猫则保留了野猫祖先的特征，眼睛略微倾斜。包括暹罗猫在内的东方猫咪品种斜眼特征更为显著，呈现杏仁状。

杏仁状蓝色眼睛

绿色斜眼

金色圆眼

圆形双色眼睛

耳形

　　几乎所有猫咪品种都长有大大的竖耳，呈半圆锥状，这与它们的野猫祖先很相似。一些品种如暹罗猫和安哥拉猫，长着尖耳端；有些如缅因库恩猫，耳端有丛毛，使耳朵突出得像猞猁；而其他品种，如英国短毛猫和阿比西尼亚猫，长着圆耳端。有两个品种因基因突变而有着奇异的耳形：美国卷耳猫的耳朵从面部向头骨后部卷起，苏格兰折耳猫则因为耳部软骨处的褶皱使耳朵向面部前方折起。

尖耳端

圆耳端

卷耳

折耳

被毛类型

　　猫咪被毛通常由三种类型的毛组成：底毛、芒毛和卫毛。柔软卷曲的底毛和中等长度的精细芒毛构成保暖的里层被毛，长而硬的卫毛形成起保护作用的外层被毛。三种毛的长度和搭配比例因品种而异，此外并非所有猫咪品种都长有三种毛。大多数猫咪都像野猫祖先一样是短毛品种，长毛品种是由一种隐性基因造成的。波斯猫的被毛可长达12厘米。卷毛被毛由基因突变引起，现有数个卷毛品种，包括柯尼斯卷毛猫和美国刚毛猫。还有些品种，如斯芬克斯猫，因基因突变而导致无毛。

无毛

卷被毛

短被毛

长被毛

被毛颜色和纹理图案

猫咪的被毛颜色和纹理图案种类繁多，搭配无限。一些品种如蓝色夏特尔猫以特定颜色来界定，还有的品种如重点色暹罗猫仅以一种被毛图案就可以被机构认定，而对许多其他品种而言，任何被毛颜色和图案的搭配都可以接受为认定标准。

被毛颜色由两种黑色素生成：真黑色素（黑色和棕色）和脱黑色素（红色、橙色和黄色）。除了白色，所有单色和淡色被毛都源自毛干中两种色素的不同配比。

猫咪的原始被毛图案是斑纹，然而选择繁育出了多种多样的图案，大多由隐性基因造成。常见的被毛图案有单色、重点色、烟色以及混合色（如玳瑁色和双色）。

猫咪有白色被毛是因为缺少黑色素，白色基因压倒其他颜色基因和被毛图案基因。因此有花色被毛和被毛图案的猫咪有两种隐性白色基因。纯白色被视为西方猫咪品种的毛色（见下方）。

白色被毛

西方猫咪品种的毛色

在欧洲和美洲猫咪品种身上发现的传统被毛颜色被称为西方色，如英国短毛猫、缅因库恩猫和挪威森林猫的毛色。具体而言，西方色为黑色和红色，以及它们各自的冲淡色——蓝色和奶油色。双色（白色斑纹和西方色之一的混合）和纯白色被毛也被视为西方色。今天，西方色已经被成功培育到东方猫咪品种身上，所以西方色成为猫咪的国际色，比如缅甸猫常被繁育出带西方红色和奶油色的品种。

黑色

红色

蓝色

奶油色

东方猫咪品种的毛色

巧克力色和肉桂色，以及它们各自的冲淡色——淡紫色和浅黄褐色，传统上被视为东方色。这些毛色被认为起源于像暹罗猫和波斯猫一类的品种，但今天这种东西方色彩的差异因为品种间的杂交而变得有些模糊了。当前，几乎最保守的猫咪品种注册机构都已经接受西方品种中的东方色了，反之亦然。例如，带东方色的英国短毛猫是被认可的。

巧克力色

肉桂色

淡紫色

浅黄褐色

了解猫咪被毛颜色

猫咪被毛中的黑色素在毛干中的分布浓度不等，均匀分布生成单色（纯色）被毛，黑色素完全不存在造成白色被毛。单色被毛由毛中的黑色素浓度决定，比如冲淡的红色生成奶油色。如果仅仅被毛梢有颜色，被毛呈毛尖色、阴影色或烟色，这取决于毛干带色部分的长度。深浅相间的多层色毛干呈现斑纹色。

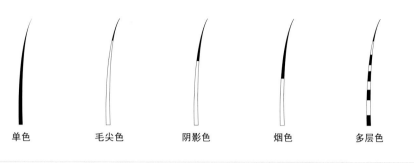

| 单色 | 毛尖色 | 阴影色 | 烟色 | 多层色 |

毛尖色

当每根被毛只有尖端约总长度的1/8沉淀有黑色素时，会生成毛尖色、玳瑁色或银灰色。被毛的其余部分通常为白色（未沉淀黑色素），尽管也培育出了一些黄色和浅红色品种。毛尖色的生成受数种不同基因的交互控制，波米拉猫、金吉拉色波斯猫和豆沙色波斯猫都有毛尖色被毛。

淡巧克力毛尖色

银蓝毛尖色

阴影色

阴影色的每根被毛的上部1/4毛干有颜色，其生成是由造成毛尖色被毛的相同基因所致。但长有阴影色被毛的猫咪背部颜色较深，因为被毛在其上平顺。当猫咪运动时，颜色较重的毛尖部分产生波动感。很多猫咪品种的繁育中接受并寻求阴影色被毛效果，尤以波斯猫品种为甚。

奶油豆沙阴影色

银色阴影色

烟色

烟色指毛干的上半端呈烟色。静止不动时，许多烟色猫咪的被毛似乎呈单色，只不过领毛颜色略淡；但当它们运动时，浅色的毛根部更为显眼，整个猫身似乎闪闪发亮。烟色常见于许多品种，包括曼岛猫、异国短毛猫和长毛猫、缅因库恩猫和波斯猫等。烟色幼猫常常难于同单色幼猫区分开来，因为烟色要经过数月才能显现出来。

黑烟色

蓝烟色

多层色

在多层色被毛中，毛干中的黑色素带和淡色带交替出现，毛干尖部总是黑色。多层色被毛是许多野猫品种及其他哺乳动物的特征，它能提供很好的伪装。多层色被毛组成斑纹被毛的浅色区。浑身无花纹的多层色被毛是阿比西尼亚猫和其长毛亲戚——索马里猫的典型特征，阿比西尼亚猫每根被毛分为4~6个色段，而索马里猫则多达20个。

银栗色

常色

杂色

　　杂色猫在被毛上有多种毛色，双色和三色猫咪见于多个品种，包括短毛和长毛品种。杂色猫还包括带白色斑点的玳瑁色猫，其少量白色被毛被视为杂色；当白色比例较高时，称为玳瑁白色或卡利科色（calico）。杂色猫几乎全是雌猫。

杂色布偶猫

杂色英国短毛猫

玳瑁色

　　玳瑁色被毛为黑色（巧克力色或肉桂色）和红色被毛的混合物。玳瑁色变种猫咪可见上述颜色的冲淡色被毛（蓝色、淡紫色、浅黄褐色和奶油色），几乎只有雌猫具备玳瑁色被毛，极罕见的雄猫个例可能是由染色体异常造成的。带斑纹的玳瑁色被毛猫咪称为玳瑁斑猫，被归类为杂色猫（见上文）。

东方玳瑁猫

亚洲玳瑁猫

重点色

　　带有深黑色和苍白色被毛的猫咪称为重点色猫咪。在重点色暹罗猫和波斯猫身上，这种隐性特征由一种负责生成黑色素的热敏酶来控制，这种酶只在猫咪身体较冷的表端起作用，即面部、耳部、爪子和尾部的被毛处。其他的重点色猫咪品种，如梵猫，重点色集中在耳部和尾部，被视为一种白斑点色（见下文）。

单色重点色暹罗猫

土耳其梵猫

白斑点色

　　造成猫咪被毛上的白斑点色的基因是显性基因，它通过抑制有色被毛区域来生成双色或三色被毛，其效果从近乎纯白色的猫咪、梵猫变化到仅有一到数处白色斑纹的猫咪（白色斑纹局限于面部、喉部、腹部和爪子）。

带白色喉部和爪子的非纯种短毛猫

白斑点色缅因库恩猫

斑纹

　　原始斑纹包括涡纹、条纹或斑点的单色（常为黑色、棕色、姜红色或银灰色）被毛与淡色区域的多层色被毛的混合。斑纹是猫咪的天然保护色，在野外觅食时是一大优势。斑纹是大多数猫咪品种的主要特征，各类斑纹不仅在旧有品种如缅因库恩猫身上常见，也常见于看似野性的新杂交品种，如萨凡纳猫。经典的斑纹有斑点和涡纹；鲭鱼斑纹有条状纹，像鱼骨纹沿猫咪体侧分布；斑点纹有玫瑰结纹和斑点。斑纹猫在头部有细纹（通常在前额有"M"形斑纹），尾部和四肢有条状纹。

斑点纹　　　　　　　　　多层色斑纹

经典斑纹　　　　　　　　　鲭鱼斑纹

如何使用猫种指南

　　猫咪品种条目能帮助你选择适合的猫咪，它们涵盖了每一个猫咪品种的主要特征、外观和性情，还具体提出相关的护理意见。信息一览栏详细介绍了猫咪的原产地、初始繁育时间、体重范围和注册机构，还附有毛色和花纹种类，以及被毛梳理养护的时间要求。

猫咪品种注册机构（BREED REGISTRIES）

字母缩写代表认可这一特定猫咪品种的世界四大注册机构：

CFA　猫迷协会
FIFe　欧洲猫协联盟
GCCF　猫迷管理委员会
TICA　国际猫协会

被毛梳理要领

梳子标志和蓝色条块表明你的爱猫需要梳理的频度，以保持它被毛的最佳状态。

每周1次

每周2~3次

每天1次

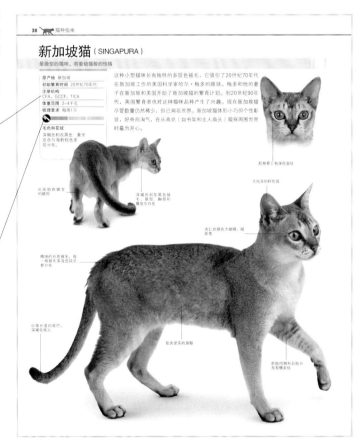

选择适合你的爱猫（CHOOSING THE RIGHT CAT）

猫咪可以成为可爱而有价值的宠物，但拥有它需要你投入时间和金钱。如果你想养一只猫咪，就需要做些调查来确定你是否准备好了担负这项责任。如果你打定主意养一只纯种猫，你需要确定能找到一位有责任心的繁育者，当然，从救助站收养一只纯种猫也是不错的选择。

一只宠物猫寿命可长达20年

你准备好养育一只猫咪了吗？

拥有一只猫咪是个好主意，但在购买和收养之前你一定要认真考虑此事。想想猫咪是否能融入你的生活，猫咪似乎独立性很强，但它也需要主人的陪伴，长时间单独留置它是不公平的。若被长时间忽视，户外的猫咪会流浪出走，而居室内养育的猫咪则会感觉无聊，开始发泄搞破坏。若你的家中有人在猫咪活动的情况下会过敏或引发哮喘，养猫就不合适了。如果你有幼小的孩子，也要认真考虑养猫事宜，因为你需要花费时间来教会孩子如何与猫咪相处。

养猫咪也意味着你的家庭面临变化：你需要应对沾满猫毛的家具和衣物，偶尔还有吃剩的半只小鸟或老鼠。你要使猫咪够不着家中的易碎物品，还得移走可能对猫咪有毒的潜在危险植物（见203页）。你需要找块地方放置猫砂盘，还要定期更换猫砂。有些猫咪品种会很名贵，你要确定能负担得起价格，

可能你的纯种爱猫需要一笔不菲的安置费用，达数千元之多。动物医学的发展和对猫咪饮食的更充分了解意味着猫咪寿命比从前大大延长，可达20年之久。你在猫的一生中需要担负的费用会累计至数万元，宠物类保险虽能支付部分兽医费用，但不包括疫苗、阉割和牙科支出。你还需要定期购买猫粮、猫床、猫砂和其他用品。如果你离家外出，还需要付费安置猫咪待在托猫所或雇人在家照看它。

选定品种

如果你想养一只纯种猫，一定要做足功课来了解这一猫咪品种的需求和特性。如果你不确定选择哪个品种，要多考虑体形大小、被毛类型和脾性。猫咪品种大小差异明显，体重从5千克至9千克不等。大猫咪不会喜欢小公寓里的室内生活；长毛猫咪需要你每天梳理它的被毛，不然会打结缠绕；短毛猫咪则不需要频繁梳理（见228~231页）。猫咪的脾性也因品种而异：像暹罗猫和奥西猫一类的东方猫咪生性活跃而好叫唤，而体形粗壮的品种如英国短毛猫和波斯猫通常安静而慵懒。

你还应当考虑什么样年龄和性别的猫咪适合你。雄猫通常比雌猫体形大，且更为外向活跃，但一经阉割，也同样会变得乖顺。如果你担心自己不会调教一只幼猫，可以购买或收养一只成年猫咪。最后，如果一天中家里会有无人时间段，你可以考虑养两只猫咪，这样它们可以相互做伴。

最适合你的猫咪品种

猫咪在大小、被毛类型和性格方面各异，要充分调查并确定哪一个品种最适合你的生活风格——像波斯猫（见上图）一类的长毛品种可以成为你的漂亮伙伴，但它需要频繁梳理。

新的家庭成员
要做充分调查研究再购买一只成猫或幼猫,尤其在你从未养过猫咪的情况下。一只成猫或幼猫是家庭中的可爱新成员,但也意味着你的常规家庭生活要发生变化。

寻找繁育者

一旦你决定了理想的猫咪品种，最好从一位声望好的繁育者那里购买猫咪。你可能在报纸、网站或橱窗广告上发现心仪的猫咪，但那些售卖者一般不是专业人士，应尽量避免接触。从宠物商店购买幼猫也不可取，因为你并不能确定猫咪的来源。本地兽医也许能推荐一位繁育者给你，或者你从猫迷俱乐部和繁育者注册名单上寻找，甚至在猫咪秀展上一试——许多带猫咪参加表演的主人就是繁育者，或者能为你推荐另一位有责任心的繁育者。

在繁育者那里要确定提问足够的问题，以便知晓你能否买到一只健康和适应性良好的猫咪（见右）。繁育者也会提问你很多问题以确认你有足够的责任心来养育一只猫咪，并担负得起照顾它的费用。你应当调查一下你想要购买的猫咪的当前价位，较高的价格有时反映了繁育者对猫咪繁育和关爱的高水准。

询问繁育者的十大重要问题

1. 你从事猫咪繁育有多长时间了？
2. 能提供你的兽医和以往顾客对这一猫咪品种的参考意见吗？
3. 该品种猫咪的重要性格特征是什么？是"秀展型"还是"宠物型"？
4. 该品种猫咪患有遗传性疾病吗？接受过遗传性疾病筛查吗？
5. 我需要花费多长时间梳理它的被毛？
6. 该品种猫咪受过社交训练吗？可以把它介绍给孩子和其他宠物吗？
7. 在领走前，猫咪会被注射疫苗和去除寄生虫吗？
8. 有没有为猫咪在猫咪注册机构登记？能提供书面的纯正血统证明吗？
9. 我能否拥有一份书面合同，阐述清楚你（繁育者）和我的权益和责任，并包括一份协议讲明此次购买经过了兽医对猫咪健康的检查吗？
10. 猫咪带回家后，我能在需要建议时联络你吗？

与家人见面
经过早期社交训练的幼猫在遇到生人时不应表现出羞涩和攻击性。

一些繁育者提供"宠物型"和"秀展型"两种幼猫。"宠物型"猫咪和"秀展型"猫咪一样健康，但在品种标准上可能有一点差异，"宠物型"猫咪会比"秀展型"猫咪廉价很多。繁育者可能会请你签署一份协议，要求你不要让"宠物型"猫咪参与猫咪秀展或繁育"宠物型"猫咪，以保证品系纯正。

要看到一窝幼猫再决定购买其中一只，这一点非常重要，一名好的繁育者会允许你观察幼猫和同伴之间的交流。你还应该观看雌种猫并检验它的健康状况。猫妈妈会"告诉"你幼猫成年后的大小、容貌和脾性。繁育者可能还拥有雄种猫，如果这样，也请他让你看看猫爸爸。繁育者还会让你了解该种猫咪的平均寿命。

你选择带回家的幼猫应当看上去健康而警觉，肌张力良好并且被毛干净无猫虱。幼猫的眼睛应当明亮，眼部和鼻腔没有分泌物，耳朵里面没有耳屎，牙龈呈健康的粉红色。要保证你的幼猫已经或将要注射疫苗、除虫和进行该品种的已知遗传性疾病的筛查，在购买幼猫时要带走以上资料回家。如果一只幼猫看似生病或被与同窝中的其他幼猫隔离，你认为幼猫在非标准条件下被繁育者喂养，或者繁育者似乎对该猫咪品种和健康护理知识了解不多，在以上情况下要避免购买。如果你不满意，可以再找一位繁育者。如果一切顺利，你可以在其12周龄时把一只经过家居训练、社交训练和接种过疫苗的幼猫带回家了。

猫咪救助站

如果你想收养一只纯种猫，猫咪救助站可能是你没想起光

经历生活风雨的猫咪
许多不同品种的猫咪最终流落到猫咪救助站。如果你决定给老龄或残疾的猫咪一个温馨的家，救助站有时会帮你支付未来的猫咪医疗费用。

顾的一个地方。通常猫咪救助站是建立在非营利基础上的组织机构，由私人捐助和政府收养动物基金提供资助，员工多为志愿者。猫咪救助站收留流浪的、被遗弃的和野生的猫咪，并努力为它们寻找合适的收养家庭。

纯种猫也会时时出现在猫咪救助站，一般为较常见的品种，如暹罗猫、缅因库恩猫和波斯猫，你不大可能发现一只不寻常的品种。

在拜访一家猫咪救助站并查看所有等待收养家庭的猫咪之后，你可能决定收养一只杂交猫而非纯种猫。栖身于猫咪救助站的家猫超过95%是杂交品种，每一只都值得一个爱心家庭拥有。猫咪救助站值得你的探访，尤其当你想收养一只经过系统训练和性格确立的成年猫咪时。

如果你决定从一家救助站收养猫咪，一位工作人员会登门拜访，以确认你的家庭是否对猫咪安全适宜，你自己是否能成为优秀的猫主人。你要支付收养费用，这能帮助猫咪救助站支付兽医费用，包括疫苗接种、血样检测、阉割和芯片植入等的费用。

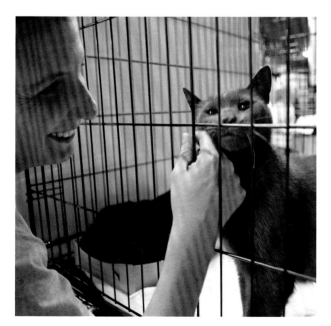

被救助的流浪猫
猫咪救助站的工作人员会评估每只猫咪的性格，帮助你找到一只理想的宠物猫；你甚至可能会发现一只需要家庭温暖的纯种猫呢！

猫种指南

CATALOGUE OF BREEDS

孟加拉雪猫
孟加拉猫是家猫和亚洲豹猫的杂交品种。
图中的这只孟加拉雪猫也有一些白化基
因，使得它的毛色苍白。

短毛猫（SHORTHAIRS）

大多数猫咪，无论大小，野生还是家养，都是短毛品种，这是一种进化结果。因为猫作为一种自然界的捕食者，需要依靠潜行和速度爆发的能力。短被毛的猫咪捕食时更有效率，因为在灌木茂密的地方可以无障得穿行，在狭窄的角落能闪电般地猛扑。

短被毛可以为猫咪保暖，而且不会令其感觉过热

短毛猫的培育

在4 000多年前驯化的最初一批猫咪长有短被毛，自那以后人们一直喜欢它们顺滑亮泽的被毛。短被毛的毛色和花纹界线清晰，使猫科动物的体形得以充分体现。人们培育了数十种短毛猫品种，主要分为三大类：英国短毛猫、美国短毛猫和东方短毛猫。前两者是普通家猫经过几十年计划繁育的改良品种，头颅呈圆形，身体壮实，长有厚密的双层短被毛。与之迥异的东方种群是在欧洲培育的暹罗猫的杂交品种，与东方世界几乎没有任何关系，它们精细贴身的短被毛没有绒软的里层。

其他受人们喜爱的短毛猫品种包括：缅甸猫；长毛绒俄罗斯蓝猫，它很短的里层被毛将外层卫毛从体表顶起；异国短毛猫，将无可争议的波斯猫面容与短而易打理的被毛结合起来。

短毛特征在数个无毛猫品种身上发展到极致，包括斯芬克斯猫和彼得无毛猫。这些品种通常不是完全无毛——多数长有绒面手感的精细体毛。短毛猫的另外一个变种是卷毛猫，它们有着卷曲或褶皱的被毛，其中最知名的品种有德文卷毛猫和柯尼斯卷毛猫。

易于打理

对短毛品种猫咪的主人来说，爱猫的最大优点是被毛几乎不需要梳理就可以很有型，而且若有寄生虫和伤口的话会很容易处理。但养一只短毛猫并不一定能保证地毯和沙发上没有猫毛，有些短毛猫品种褪毛很严重，尤其在里层被毛出现季节性褪落时，甚至像单层被毛的东方短毛猫品种也总是褪掉很多毛。

亚洲短毛猫
亚洲短毛猫体形中等，既不粗短，也不像东方短毛猫那样超级苗条。

暹罗猫
暹罗猫短而精细的被毛凸显这一蓝眼睛优雅猫种的精致体形。人们培育出许多不同重点色的暹罗猫品种，但经典海豹重点色（深褐色）暹罗猫一直是人们的最爱。

异国短毛猫（EXOTIC SHORTHAIR）

长毛波斯猫的短毛版本，被毛容易打理

原产地	美国
初始繁育时间	20世纪60年代
注册机构	CFA, FIFe, GCCF, TICA
体重范围	3.5~7千克
梳理要求	每周2~3次

毛色和花纹
几乎所有毛色和花纹。

异国短毛猫最早于20世纪60年代在美国繁育，到20世纪80年代为止又有了流行的英国版本。这一猫种由波斯猫（或长毛猫）与短毛猫品种杂交而成，其中被利用的短毛猫品种包括美国缅甸猫（见40页）、阿比西尼亚猫（见83页）、英国短毛猫（见68~77页）和美国短毛猫（见61页）。异国短毛猫拥有波斯猫亲和的圆面孔、安静的性格和易于打理的丰密短被毛。这种温柔的猫咪乐于作为室内宠物，总是喜欢与人玩耍或卧于主人膝上。

短而扁的鼻子，双眼间有明显间隙

大颧骨的平脸

厚密的里层被毛

银玳瑁色经典斑纹被毛

圆头，宽颅骨

圆耳端的小耳朵

宽眼距的圆圆的大眼睛

典型波斯猫的深胸和粗壮躯干

厚密柔软的阴影金色被毛

厚毛短尾巴

短而结实的粗骨骼四肢

大圆形爪

泰国曼尼猫（KHAO MANEE）

外向而聪明的猫咪，渴望探究一切事物

原产地	泰国
初始繁育时间	14世纪
注册机构	GCCF，TICA
体重范围	2.5~5.5千克
梳理要求	每周1次

毛色和花纹
仅认可白色。

泰国曼尼猫是泰国的本土猫种，"曼尼"意为"白色宝石"。在泰国历史上，早在14世纪就记载有这种类型的纯白猫种，但直到20世纪晚期才传播至海外。现在它吸引了世界各地爱猫人士的目光，尤其在英国和美国。高贵的泰国曼尼猫仿佛有着一双调色板般的眼睛，两只眼睛的颜色可以是同色、双色，或者同色但大小不同，甚至每只眼睛均是双色。它生性胆大而友好，有时叫声会很大。

双色眼睛

高颧骨面庞，轮廓鲜明

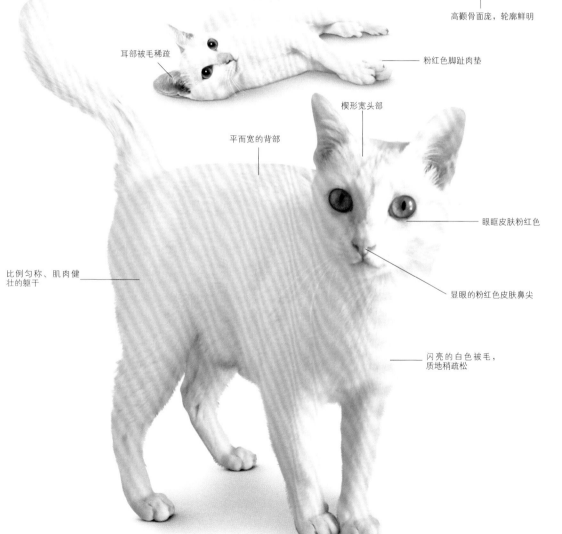

耳部被毛稀疏

粉红色脚趾肉垫

楔形宽头部

平而宽的背部

眼眶皮肤粉红色

比例匀称、肌肉健壮的躯干

显眼的粉红色皮肤鼻尖

闪亮的白色被毛，质地稍疏松

泰国科拉特猫（KORAT）

这种妩媚柔情的猫咪有着骄傲而悠长的历史

原产地 泰国	
初始繁育时间 12~16世纪	
注册机构 CFA, FIFe, GCCF, TICA	
体重范围 2.5~4.5千克	
梳理要求 每周1次	

毛色和花纹
仅认可蓝色。

泰国科拉特猫是极少数能称为古老品种的猫咪之一，它最早出现在一本名为《猫咪诗集》的古书中，该书年代可以追溯到泰国历史上的大城时期（1350—1767）。泰国科拉特猫长期被本土人民珍视为幸运的象征，但直到20世纪中期一对种猫被送往美国后，这一品种才为西方世界所知。这种优雅的银蓝色被毛猫咪是非常特别的宠物，它通常很活跃，有时也很安静，对主人温柔深情。这种猫咪感觉敏锐，容易被噪声和突然的抚弄惊吓。

大耳朵，在耳根处向外倾斜

独特的心形头部

很大的绿色圆眼睛

椭圆形爪子

肌肉发达但轻盈的躯干

贴身蓝色被毛，没有里层被毛

心形鼻尖

银毛尖色被毛

中国狸花猫 (CHINESE LI HUA)

品质优良的家猫，需要较多的活动空间

原产地 中国	
初始繁育时间 21世纪	
注册机构 CFA	
体重范围 4~5千克	
梳理要求 每周1次	

毛色和花纹
仅认可棕鲭鱼斑纹。

符合狸花猫（或称为龙狸猫）特征的猫咪品种在中国有许多世纪的养育历史，但在中国以外是个新品种。虽然已经开始吸引世界的注意力，但这种猫咪直到2003年才被认可为实验性繁育品种。中国狸花猫是一种体格健壮的大型猫咪，长有美丽的斑纹被毛。尽管它感情不太外露，但还是能成为忠实友好的宠物。中国狸花猫性格活跃，以聪明的捕猎技巧而著称，需要较大的运动空间，所以不适宜小公寓里的圈养生活。

下颌比上颌稍短

嘴角有黑色斑点

长而直的鼻子

直而健壮的四肢

腹部被毛浅色

多层色被毛形成鲭鱼花纹

明亮的黄色眼睛

壮实的长方形躯干

尾部有环状花纹和黑色尾尖

额部和胸部长有不分层的米黄色被毛

亚洲波米拉猫（ASIAN—BURMILLA）

这种柔媚的伴侣猫有着讨人喜欢的外观和性格

原产地 英国

初始繁育时间 20世纪80年代

注册机构 FIFe, GCCF

体重范围 4~7千克

梳理要求 每周2~3次

毛色和花纹

多种阴影色被毛，包括淡紫色、黑色、棕色、蓝色和玳瑁色，底色为银色或金色。

1981年，一只淡紫色欧洲缅甸猫（见39页）和一只金吉拉色波斯猫（见140页）的偶然交配孕育出一窝被毛非常美丽的幼猫，人们鼓励猫主人进一步实验繁育，结果培育出了亚洲波米拉猫。这种猫咪有着优雅的亚洲猫身型比例、吸引人的大眼睛和精致的阴影色或毛尖色被毛，人们还培育出了长毛品种。尽管还不普及，但这种魅力十足的聪明猫咪已经越来越受人喜爱了。亚洲波米拉猫有着暹罗猫的滑稽性格，也受金吉拉色波斯猫安静品质的影响。它喜欢游戏，也乐于卧在主人膝上安静地打盹儿。

表情丰富的绿色大眼睛

淡紫阴影色被毛

面部和四肢会有淡阴影色

宽耳根耳朵，耳端略圆

鼻子上有浅坑

优雅美丽的匀称躯干

丝滑质地的贴身被毛

巧克力毛尖色被毛，底色为银白色

中等长度尾巴，略呈锥形

不完全的斑纹

修长健壮的四肢

亚洲烟色猫（ASIAN—SMOKE）

这种爱嬉闹而聪明的猫种对主人的关爱反应强烈

原产地	英国
初始繁育时间	20世纪80年代
注册机构	GCCF
体重范围	4~5千克
梳理要求	每周2~3次

毛色和花纹

任何表层被毛色，包括玳瑁色，底层被毛为银白色。

亚洲烟色猫最初称为波姆瓦猫（Burmoire），是亚洲波米拉猫（见32页）和欧洲缅甸猫（见39页）的杂交后代。该猫是所有亚洲猫种中被毛最吸引人的品种之一，表层被毛是深单色，在跑动时呈波浪状，显现出闪亮的银白色里层被毛。亚洲烟色猫喜欢运动和嬉戏，性格外向而好奇，爱好探究一切事物，只要有主人充分陪伴、关爱并加以娱乐，它很乐意享受室内生活。

向鼻梁倾斜的大眼睛

巧克力烟色被毛

修长健壮的躯干

尾部朝尾尖渐呈锥形

中型或大型耳朵，圆耳端

强壮的直背

眼部周围环状银色

宽宽的颌部，朝鼻口部渐呈锥形

后肢长于前肢

棕烟色被毛，里层被毛为银白色

整齐的椭圆形爪

亚洲单色和玳瑁色猫（ASIAN—SELF AND TORTIE）

这种猫咪活泼而友爱，对主人依赖性很强

原产地 英国	
初始繁育时间 20世纪80年代	
注册机构 GCCF	
体重范围 4~7千克	
梳理要求 每周2~3次	

毛色和花纹
所有单色和各类玳瑁色。

亚洲单色和玳瑁色猫是培育不同被毛颜色的欧洲缅甸猫（见39页）的实验品种。这一英国猫种包括纯黑色的孟买猫品种。孟买猫与美国培育的黑猫品种（也叫作孟买猫，见36页）很易混淆，两者的繁育历史是不同的。亚洲单色和玳瑁色猫不像它的暹罗猫表亲那样爱在家中喧嚣，但在大多寻求关注的时候它也会不停地叫唤，好让主人意识到它的存在。这种亲和友爱的猫咪喜欢像忠实的家犬一样时刻跟随主人。

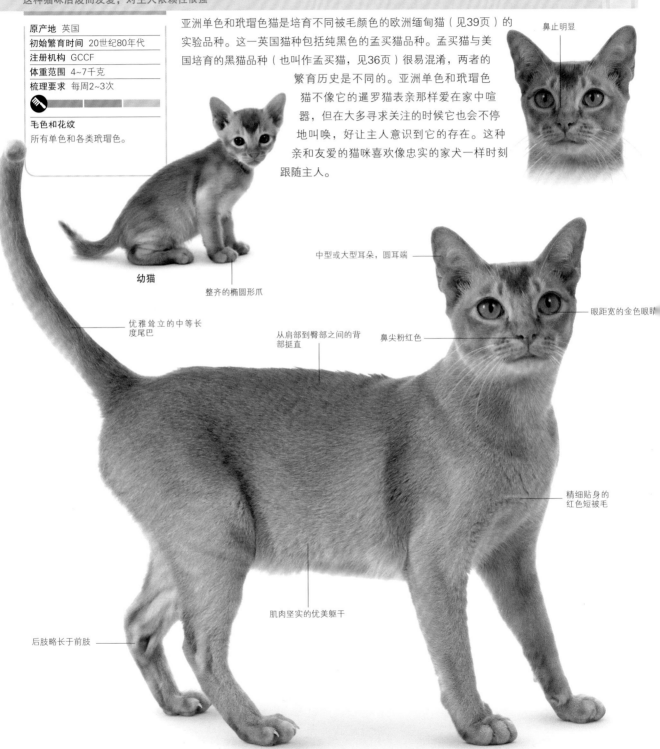

鼻止明显

幼猫

整齐的椭圆形爪

中型或大型耳朵，圆耳端

眼距宽的金色眼睛

优雅耸立的中等长度尾巴

从肩部到臀部之间的背部挺直

鼻尖粉红色

精细贴身的红色短被毛

肌肉坚实的优美躯干

后肢略长于前肢

亚洲虎斑猫（ASIAN—TABBY）

喜欢交际的猫咪，易于在家中喂养

原产地	英国
初始繁育时间	20世纪80年代
注册机构	GCCF
体重范围	4~7千克
梳理要求	每周2~3次

毛色和花纹
各种毛色的经典斑纹、鲭鱼斑纹、斑点纹和多层色斑纹。

亚洲虎斑猫有四种不同斑纹：经典斑纹、鲭鱼斑纹、斑点纹和多层色斑纹。可见多种毛色的花纹，如条纹、涡纹、环纹和点纹。最常见的是多层色斑纹，其中每根被毛上的色段对比清晰。像它的所有亲缘猫种一样，亚洲虎斑猫有着优雅健壮的体形和欧洲缅甸猫（见39页）的外向性格，人们在其繁育中一直利用这些特征，再加上金吉拉色波斯猫（见140页）的安静天性，亚洲虎斑猫正日益成为受欢迎的可爱家庭宠物。

琥珀色眼睛，具有东方短毛猫特有的斜眼特征

短厚光滑的棕色鲭鱼斑纹被毛

颧骨突出

精致的椭圆形爪

钝楔形头部

中型或大型耳朵，耳距宽

前额有"M"形斑纹

肌肉健壮的直背躯干

圆胸

孟买猫（BOMBAY）

这种"微型黑豹"般的猫咪有着光亮的被毛和深铜色的眼睛

原产地 美国	
初始繁育时间 20世纪50年代	
注册机构 TICA，CFA	
体重范围 2.5~5千克	
梳理要求 每周1次	

毛色和化纹
仅认可黑色。

孟买猫是专为其外貌而繁育的品种，为美国缅甸猫（见40页）和美国短毛猫（见61页）的杂交品种。孟买猫身形浑圆闪亮，仅有黑色被毛品种。孟买猫虽然外观像豹子，却是最爱好交际而友善的宅猫，总爱与主人黏在一起，如果被单独留置时间过长会显得百无聊赖。孟买猫遗传了缅甸猫好奇和爱好嬉戏的天性，不愿懒散不动。它喜欢游戏和被逗趣，与孩子和其他宠物相处融洽。

头部有柔缓的圆形轮廓线

眼距宽的深铜色眼睛

肌肉强健的壮实躯干

鼻止适中

面庞饱满

向前倾斜的圆耳端耳朵

鼻尖略呈圆形

圆形宽鼻口部

光亮的煤黑色被毛

圆形爪

落落大方
身形灵活、被毛光亮的孟买猫与人相处时总是信心满满，它会主动示好为其提供娱乐和卧膝的人。

新加坡猫（SINGAPURA）

最微型的猫咪，有着幼猫般的性格

原产地	新加坡
初始繁育时间	20世纪70年代
注册机构	CFA，GCCF，TICA
体重范围	2~4千克
梳理要求	每周1次

毛色和花纹

深褐色和灰黑色：象牙底色与海豹棕色多层分布。

这种小型猫咪长有独特的多层色被毛，它吸引了20世纪70年代在新加坡工作的美国科学家哈尔·梅多的眼球。梅多和他的妻子在新加坡和美国开始了新加坡猫的繁育计划。到20世纪90年代，英国繁育者也对这种猫咪品种产生了兴趣。现在新加坡猫尽管数量仍然稀少，但已闻名世界。新加坡猫体形小巧但个性彰显，好奇而淘气，在从高处（如书架和主人肩头）窥探周围世界时最为开心。

脸颊骨上有深色面纹

大而深的杯形耳

长而肌肉健壮的腿部

深褐色和灰黑色被毛，颏部、胸部和腹底灰白色

杏仁状绿色大眼睛，眼距宽

精细的丝质被毛，每一根被毛深浅色段交替分布

中等长度的尾巴，深褐色尾尖

肌肉坚实的身躯

前肢内侧和后肢分布有横条纹

欧洲缅甸猫（EUROPEAN BURMESE）

好奇而自信，充满个性的猫咪

原产地	缅甸
初始繁育时间	20世纪30年代
注册机构	CFA，FIFe，GCCF，TICA
体重范围	3.5~6.5千克
梳理要求	每周1次

毛色和花纹
单色和玳瑁色，包括蓝色、棕色、奶油色、淡紫色和红色。花纹都为深褐色。

欧洲缅甸猫最初在20世纪30年代的美国繁育，使用从东南亚引进的种猫。20世纪40年代晚期，数只缅甸猫被从美国送入英国，人们开始培育出不同外貌的品种。欧洲缅甸猫比美国缅甸猫的头部和躯干略长，毛色更为多样。欧洲缅甸猫性格温柔，充满对主人的爱意，需要一个有爱心的家庭完全接纳它，不适合会将其单独长时间留置的家庭。

眼距宽的黄色眼睛，向鼻子倾斜

精致柔滑的巧克力色被毛

鼻止显著

圆头顶，往下渐呈钝楔形

宽面颊骨

肌肉健壮的优雅身躯

从肩部到臀部的背部水平

颌部结实

淡紫色被毛

修长四肢，椭圆形小爪

美国缅甸猫（AMERICAN BURMESE）

好奇而爱玩，总是渴望陪伴的猫咪

原产地 可能为缅甸	
初始繁育时间 20世纪30年代	
注册机构 CFA, TICA	
体重范围 3.5~6.5千克	
梳理要求 每周1次	

毛色和花纹
所有单色和玳瑁色，花纹都为深褐色。

有关缅甸猫如何传播到西方有几种相互矛盾的说法，唯一能确定的是，属于某位辛普森博士的一只此种类型的东南亚种猫，在20世纪30年代出现于美国并被用于繁育新品种。第一批被认可的美国缅甸猫都是深棕色被毛，后来其他毛色也被接纳，但仍不及欧洲缅甸猫毛色多样，后者还更多具有东方短毛猫外观。美国缅甸猫是可爱的家庭宠物，从不厌倦被人陪伴和关注。

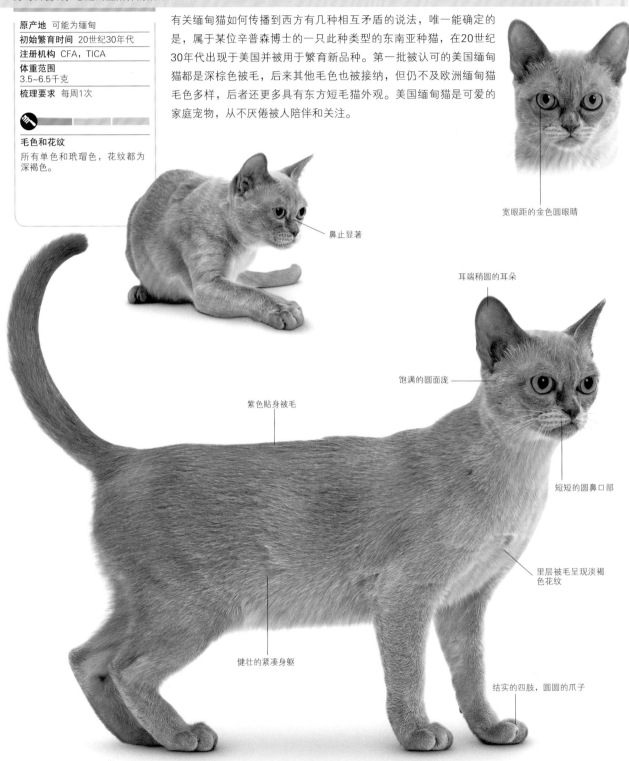

宽眼距的金色圆眼睛

鼻止显著

耳端稍圆的耳朵

饱满的圆面庞

紫色贴身被毛

短短的圆鼻口部

里层被毛呈现淡褐色花纹

健壮的紧凑身躯

结实的四肢，圆圆的爪子

曼德勒猫（MANDALAY）

这一被毛光亮的美丽猫咪繁育自缅甸猫

原产地	新西兰
初始繁育时间	20世纪80年代
注册机构	FIFe
体重范围	3.5~6.5千克
梳理要求	每周1次

毛色和花纹

许多单色和花纹，包括斑纹和玳瑁色。

20世纪80年代，新西兰的两位繁育者分别发现欧洲缅甸猫（见39页）和本地家猫的偶然交配生出了有潜质的幼猫，利用这些幼猫，他们继续繁育出了今天已知的曼德勒猫。曼德勒猫与欧洲缅甸猫有相同的繁育标准，但被毛颜色更多样。它被毛顺滑，眼睛呈金色，在其原产地新西兰是最著名的可爱宠物。曼德勒猫非常活跃和警惕，灵活的身躯长有发达的肌肉，对家人亲爱有加，但对陌生人会很谨慎。

大大的琥珀色眼睛，向鼻子倾斜

尾巴逐渐变细至圆尾尖

健壮的圆胸

头顶略圆

从肩部到臀部的背部水平

宽宽的上颌和结实的下颌

光滑柔顺的黑色短被毛

齐整的椭圆形爪

东奇尼猫（TONKINESE）

被毛光滑时尚，肌肉发达的健壮猫咪

原产地 美国	
初始繁育时间 20世纪50年代	
注册机构 CFA，GCCF，TICA	
体重范围 2.5~5.5千克	
梳理要求 每周1次	

毛色和花纹
除肉桂色和浅黄褐色以外的所有毛色，花纹包括重点色、斑纹和玳瑁色。

东奇尼猫是缅甸猫和暹罗猫的杂交后代，它结合了两个品种的毛色，但比大多数亚洲原始猫种身形更为紧凑，在初始繁育地美国和英国颇受欢迎。东奇尼猫富有独立精神，如果可能的话甚至会统领全家人，但它很富有爱心，喜欢攀爬到主人的膝上。与其他宠物交往、玩游戏、迎接到家中的陌生拜访者，这些都是东奇尼猫擅长之事。

浅鼻止

钝鼻口部

棕阴影色被毛

高颧骨

深棕色腿部、尾部和面部

分居头部两侧的圆耳端耳朵

杏仁状深色眼睛

光滑的巧克力玳瑁色贴身被毛，随年龄增长而颜色变深

匀称的躯干，不长也不短

花纹延伸至腹部

带椭圆形爪的修长四肢

东方短毛猫——异国白色 （ORIENTAL—FOREIGN WHITE）

这一娇俏的贵族猫咪有着耀眼的白色被毛

原产地 英国	
初始繁育时间 20世纪50年代	
注册机构 CFA, FIFe, GCCF, TICA	
体重范围 4~6.5千克	
梳理要求 每周1次	

毛色和花纹
只认可白色。

这一品种的东方短毛猫在20世纪50年代开始繁育，人们利用暹罗猫和白色短毛猫进行杂交。在英国，最初的杂交后代不是橙色眼睛品种就是蓝色眼睛品种，但人们只选择繁育蓝色眼睛品种并取名为异国白色东方短毛猫。在其他地方，绿色或蓝色眼睛品种都被认可，被当作是东方短毛猫的单色变种，称为白色东方短毛猫。这一惹人注目的品种有着暹罗猫独有的瘦长体形和活力个性。许多蓝眼睛白猫有与基因关联的致盲倾向，但异国白色东方短毛猫没有这种缺陷。

杏仁状蓝色眼睛

粉红色鼻尖

长而柔软的灵活躯干

齐整的椭圆形爪

逐渐变尖细的楔形头部

很大的尖耳朵

精细贴身的白色短被毛

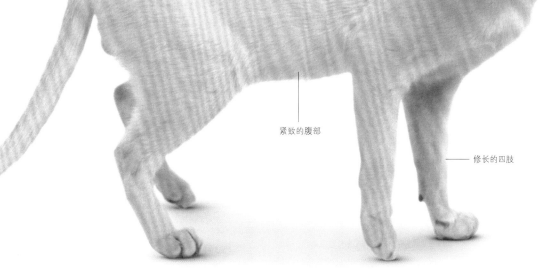

紧致的腹部

修长的四肢

东方短毛猫——单色（ORIENTAL—SELF）

为实现暹罗猫体形和传统单色被毛的完美结合而繁育的猫咪品种

原产地 英国	
初始繁育时间 20世纪50年代	
注册机构 CFA, FIFe, GCCF, TICA	
体重范围 4~6.5千克	
梳理要求 每周1次	

毛色和花纹

毛色包括棕色（哈瓦那棕色）、黑檀木色、红色、奶油色、淡紫色和蓝色。

单色东方短毛猫在20世纪50年代开始被繁育，人们最初利用暹罗猫（见54~57页）和其他白色短毛猫品种进行杂交来去除暹罗猫身上典型的重点色斑纹。第一批单色东方短毛猫有着深棕阴影被毛，被称为哈瓦那猫，后来在美国被繁育为一个单独的品种（见52页）。经过数十年的选择繁育，从冲淡色哈瓦那猫（英国叫作淡紫色哈瓦那猫，美国叫作薰衣草色哈瓦那猫）为开端，东方短毛猫拥有了广泛的单色品种。

粉红色鼻尖

淡紫色被毛

健壮的细骨骼躯干

略倾斜的绿色眼睛

每根毛从发根到发梢颜色一致

长而直的鼻子

优雅的长脖颈

臀部不应宽于肩部

质地柔顺的红色被毛

后肢长于前肢

东方短毛猫——肉桂色和浅黄褐色（ORIENTAL—CINNAMON AND FAWN）

这一美丽的猫咪有两种与众不同的被毛颜色

原产地 英国	
初始繁育时间 20世纪60年代	
注册机构 CFA, FIFe, GCCF, TICA	
体重范围 4~6.5千克	
梳理要求 每周1次	

毛色和花纹
不带白色痕迹的肉桂色和浅黄褐色。

这一类东方短毛猫的变种非常稀有，因为繁育者在培育中很难把握它那精致的毛色。第一只肉桂色东方短毛猫诞生在20世纪60年代，是一只雄性阿比西尼亚猫（见83页）和一只雌性海豹色重点色暹罗猫（见54页）的杂交后代。这只幼猫引人注目的稀有阴影色被毛——深棕单色哈瓦那猫的浅红色版——鼓舞了繁育者再去培育一个新的品种，即后来的浅黄褐色东方短毛猫。第二个品种有更为冲淡的棕色被毛，在阳光下观看时呈蘑菇粉红色或浅玫瑰红色。

生气勃勃的绿色眼睛

长长的鞭形细尾色

典型的东方短毛猫体形，精瘦但健壮

鼻尖颜色与被毛颜色协调

浅黄褐色被毛带些许暖粉红色

精细贴身的肉桂色被毛

精致的爪子

修长的四肢

东方短毛猫——烟色（ORIENTAL—SMOKE）

这一引人注目的猫品种还不像其他毛色的东方短毛猫那样流行

原产地	英国
初始繁育时间	20世纪70年代
注册机构	CFA，FIFe，GCCF，TICA
体重范围	4~6.5千克
梳理要求	每周1次

毛色和花纹
东方短毛猫单色和玳瑁色被毛与花纹。

1971年，一只银色阴影色杂交猫和一只红斑点暹罗猫之间的交配生出一窝混合色小猫，其中一只有烟色被毛的幼猫激起繁育者的兴趣——培育一个东方短毛猫新品种。烟色东方短毛猫的每一根被毛有两个色段，上段或是单色——包括蓝色、黑色、红色和巧克力色，或是玳瑁色；下段至少1/3是淡白色或完全白色。淡色毛段在深色毛段中显现，在猫咪运动时尤为醒目。

灵动的绿色眼睛向鼻子倾斜

"幽灵（ghost）"斑纹

长长的锥形尾巴

圆耳端的耳朵延伸至楔形头部轮廓线

黑烟色被毛，细短而光滑

优雅的修长脖颈

后肢长于前肢

紧致的腹部

与面部色调一致的四肢

东方短毛猫——阴影色（ORIENTAL—SHADED）

长有精致花纹，有着独特优雅美貌的猫咪

原产地 英国	
初始繁育时间 20世纪70年代	
注册机构 CFA，FIFe，GCCF，TICA	
体重范围 4~6.5千克	
梳理要求 每周1次	

毛色和花纹
除白色之外的所有毛色和斑纹。

一只巧克力色重点色暹罗猫（见54、55页）和一只金吉拉色波斯猫（见140页）之间的偶然交配，生育出一窝幼猫，包括两只银色阴影色被毛的幼猫，这引起繁育者极大的兴趣，开启了一个东方短毛猫新品种的缓慢培育进程。阴影色东方短毛猫的被毛本质上为斑纹的改良版，阴影色斑纹只存在于被毛的上端，可为多层色斑纹、斑点纹、鲭鱼斑纹和经典斑纹，幼猫期非常显著，随猫咪发育成熟而逐渐淡化，有些猫咪甚至几乎看不出来了。

眼周轮廓线清晰

楔形鼻口部

修长的脖颈

毛尖色和浅底色对比明显

邻、四肢和面部的纹更突出

大耳朵，耳根很宽

巧克力银色斑纹被毛，华丽闪亮

杏仁状绿色眼睛

喉部被毛银白色

椭圆形小爪子

东方短毛猫风范
苗条的体态，加上条纹或斑点被毛，
东方短毛斑纹猫很有些丛林风范。各
类传统毛色和花纹的品种都被认可。

东方短毛猫——斑纹（ORIENTAL—TABBY）

这种活泼可爱的猫咪将流线体形和一系列斑纹结合于一体

原产地	英国
初始繁育时间	20世纪70年代
注册机构	CFA，FIFe，GCCF，TICA
体重范围	4~6.5千克
梳理要求	每周1次

毛色和花纹
所有毛色和阴影色的斑纹与玳瑁色花纹，也包括白色。

随着单色东方短毛猫的流行，繁育者将注意力转移到培育斑纹东方短毛猫品种上。最初人们试图让非纯种斑纹猫和暹罗猫（见54~57页）杂交以达到效果。第一批该品种斑纹东方短毛猫在1978年得到正式认可，它们是暹罗猫型斑点纹猫的现代版，被认为是今天东方短毛猫斑点纹家猫的先祖。到20世纪80年代，毛色多样的东方短毛多层色斑纹猫、东方短毛鲭鱼斑纹猫和东方短毛经典斑纹猫也被繁育出来。东方短毛玳瑁色斑纹猫，以红色和奶油色斑纹为典型，进一步丰富了该猫种的毛色。

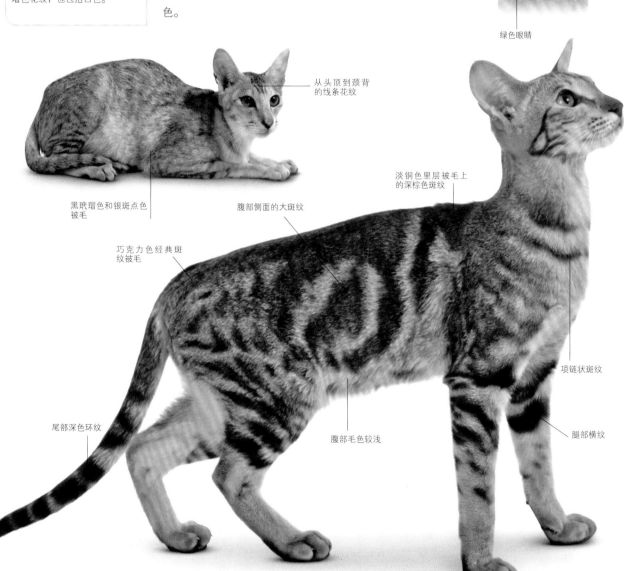

绿色眼睛

从头顶到颈背的线条花纹

黑玳瑁色和银斑点色被毛

腹部侧面的大斑纹

巧克力色经典斑纹被毛

淡铜色里层被毛上的深棕色斑纹

项链状斑纹

尾部深色环纹

腹部毛色较浅

腿部横纹

东方短毛猫——玳瑁色（ORIENTAL—TORTIE）

玳瑁色斑纹赋予这种猫咪补丁状外观

原产地 英国

初始繁育时间 20世纪60年代

注册机构
CFA, FIFe, GCCF, TICA

体重范围 4~6.5千克

梳理要求 每周1次

毛色和花纹
里层被毛颜色为黑色、蓝色、巧克力色、淡紫色、浅黄褐色、肉桂色和焦糖色；玳瑁色花纹。

根据一本名为《猫咪诗集》（该书历史可以追溯到古暹罗国，即今天的泰国）的书稿的插图，具有玳瑁色斑纹的东方短毛猫有着悠久的历史。现代玳瑁色东方短毛猫的繁育开始于20世纪60年代，人们利用单色东方短毛猫（见44页）和红色、玳瑁色、奶油色斑点暹罗猫进行交配繁育，该品种在20世纪80年代最终获得正式认可。玳瑁色东方短毛猫的被毛有数种样式，都为底色加上对比鲜明的奶油色或红奶油色斑纹（往往取决于底色）。由于玳瑁色基因的分布，玳瑁色东方短毛猫几乎总是雌猫；偶尔有雄猫也通常没有生育能力。

头部逐渐变细至精致的鼻口部

无规则花纹被毛

巧克力玳瑁色被毛，暖棕色混合红阴影色

绿色眼睛

锥形细尾巴

紧实的中等大小腹部

细骨骼结构

精致的椭圆形爪

东方短毛猫——双色（ORIENTAL—BICOLOUR）

身材轻盈修长的猫咪，毛色常常引人注目

原产地	美国
初始繁育时间	20世纪70年代
注册机构	FIFe、GCCF、TICA
体重范围	4~6.5千克
梳理要求	每周1次

毛色和花纹

各种单色和阴影色；各类花纹包括斑纹、玳瑁色斑纹和一些重点色斑纹。总是带有白色被毛区域。

美国繁育者最早通过杂交暹罗猫（见54~57页）和双色美国短毛猫（见61页），培育出了这一令人兴奋的东方短毛猫补充品种。在欧洲进一步的繁育计划中，人们用其他品种杂交以取得"理想"的外观，第一只英国双色东方短毛猫诞生在2004年。这一引人注目的品种被毛颜色分布范围奇妙，花纹变化无穷，甚至出现过暹罗猫的重点色斑纹特征。该品种的繁育标准要求白色部分至少覆盖猫咪被毛的1/3，而且要包括四肢、腹部和鼻口部。

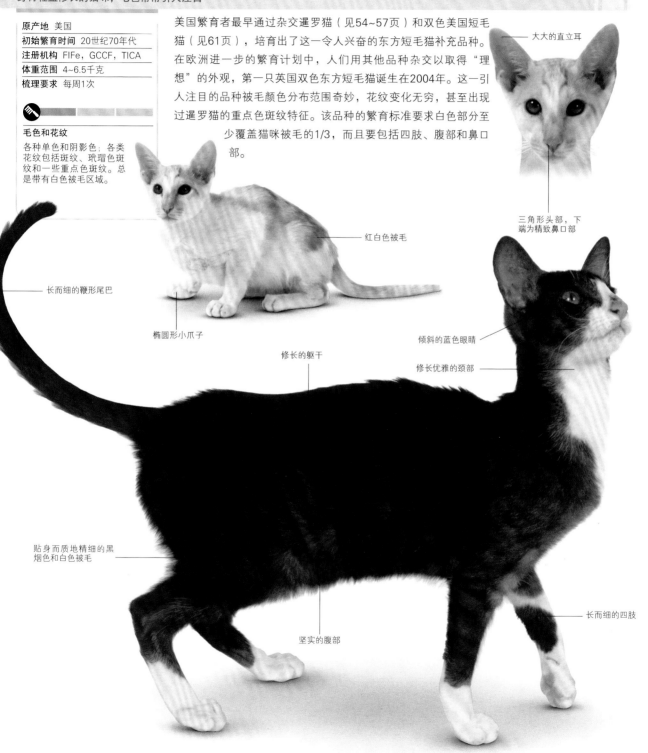

大大的直立耳

三角形头部，下端为精致鼻口部

红白色被毛

长而细的鞭形尾巴

椭圆形小爪子

修长的躯干

倾斜的蓝色眼睛

修长优雅的颈部

贴身而质地精细的黑烟色和白色被毛

坚实的腹部

长而细的四肢

哈瓦那猫（HAVANA）

富有魅力、爱嬉戏的温柔猫咪，喜欢室内生活

原产地	美国
初始繁育时间	20世纪50年代
注册机构	CFA，TICA
体重范围	2.5~4.5千克
梳理要求	每周1次

毛色和花纹
深棕色和淡紫色。

哈瓦那猫（最初被称为哈瓦那棕色猫）是有着令人困惑的背景的稀有品种，人们繁育出两种外观不同的品种，都有着深棕色被毛。在英国，人们利用暹罗猫（见54~57页）和短毛家猫进行杂交来繁育哈瓦那猫。英国版本的哈瓦那猫有着瘦长的暹罗猫体形，最终被认定为单色东方短毛猫（见44页）。而在北美，繁育者没有利用暹罗猫，导致繁育出的品种长着一张圆脸，体形也没那么瘦长（本页附图）。表情惊诧的哈瓦那猫难以令人忽视，如果无人理睬，它当然会主动寻求关注。这种友爱的猫咪总是喜欢接近人们。

灵动的绿色眼睛

鼻口部在胡须后变窄

窄小头部，圆形鼻口部

与被毛颜色匹配的棕色胡须

肌肉发达的坚实躯干

圆耳端大耳朵

棕色鼻尖上带淡玫瑰红色

光滑的深栗棕色被毛，没有异色斑纹

细而直的四肢，椭圆形爪子

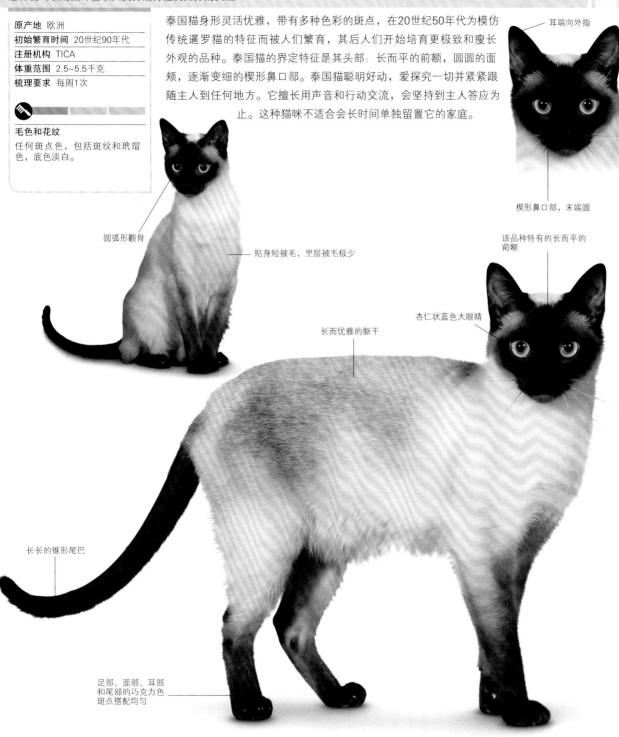

泰国猫（THAI）

这种爱叫唤的猫咪喜欢人类并期待他们充分的关注

原产地 欧洲	
初始繁育时间 20世纪90年代	
注册机构 TICA	
体重范围 2.5~5.5千克	
梳理要求 每周1次	

毛色和花纹

任何斑点色，包括斑纹和玳瑁色，底色淡白。

泰国猫身形灵活优雅，带有多种色彩的斑点，在20世纪50年代为模仿传统暹罗猫的特征而被人们繁育，其后人们开始培育更极致和瘦长外观的品种。泰国猫的界定特征是其头部：长而平的前额，圆圆的面颊，逐渐变细的楔形鼻口部。泰国猫聪明好动，爱探究一切并紧紧跟随主人到任何地方。它擅长用声音和行动交流，会坚持到主人答应为止。这种猫咪不适合会长时间单独留置它的家庭。

耳端向外指

楔形鼻口部，末端圆

该品种特有的长而平的前额

圆弧形颧骨

贴身短被毛，里层被毛极少

杏仁状蓝色大眼睛

长而优雅的躯干

长长的锥形尾巴

足部、面部、耳部和尾部的巧克力色斑点搭配均匀

非常大的尖耳，延伸至头线

楔形头部

瘦长躯干

杏仁状蓝色眼睛

精细贴身的象牙色短被毛，带肉桂色斑点

直挺的鼻子

齐整的椭圆形爪

腿部斑点比尾部和头部斑点颜色稍浅

细长锥形尾

修长的四肢

暹罗猫——单色重点色（SIAMESE—SELF-POINTED）

这是人们一眼就能辨认出的猫咪品种，有着独特的外貌和性格

原产地	泰国
初始繁育时间	14世纪
注册机构	CFA，FIFe，GCCF，TICA
体重范围	2.5~5.5千克
梳理要求	每周1次

毛色和花纹
带重点色花纹的所有单色。

有关暹罗猫历史的传说和神话多过事实，这种"皇家暹罗猫"的正史已然失传。人们很当然地认为暹罗猫是非常古老的品种，在一本名为《猫咪诗集》的古书中绘有一只带黑色斑点的猫咪，该书历史可以追溯到14世纪。西方世界确定已知的最早一批暹罗猫在19世纪70年代出现在伦敦的猫展上，在同一时期一只暹罗猫被从曼谷送往美国，当作送给美国总统夫人的礼物。

在暹罗猫早期的繁育岁月里，大西洋两岸所有的暹罗猫品种都是海豹色重点色，直到20世纪30年代才引进了新毛色品种——蓝色重点色、巧克力色重点色、淡紫色重点色，过后又有新的毛色加入。随着时间流逝，暹罗猫的外貌也发生了变化，像昔日暹罗猫常见的特征如内斜视眼和扭结尾巴，在当前猫展标准下视为缺陷，在繁育中被淘汰。更富争议的是，现代暹罗猫的繁育将其瘦长的躯干和窄头颅培育到极端地步，造成超级细长和棱角分明的外表。暹罗猫非常自我的精神和寻求主人关注的响亮叫声，使其成为所有品种里性格最外向的猫咪。它极具智慧，充满乐趣和活力，随时准备付出和收获爱心，是很棒的家庭宠物。

生成重点色

所有的暹罗猫出生时都是纯白色，它们的重点色会逐渐显现，约8周龄时应该能够识别，可能需一年或更长时间完全长成满色。

暹罗猫——斑纹重点色（SIAMESE—TABBY-POINTED）

这一性情友好的猫咪是世界上最著名的暹罗猫的奇特变种

原产地 英国	
初始繁育时间 20世纪60年代	
注册机构 FIFe，GCCF，TICA	
体重范围 2.5~5.5千克	
梳理要求 每周1次	

毛色和花纹

许多斑纹重点色，包括海豹色、蓝色、奶油色、巧克力色、淡紫色、红色、肉桂色、浅黄褐色、焦糖色和杏黄色；各种玳瑁色斑纹重点色。

20世纪早期的繁育记录提到过一些斑纹重点色暹罗猫，但这一变种的选择繁育直到20世纪60年代才正式开始。第一只吸引繁育者注意力的斑纹重点色暹罗猫，据说是一只单色重点色雌性暹罗猫意外交配产下的幼猫。过了一些年，斑纹重点色暹罗猫才在英国被正式认可并命名为一个独立品种；在美国，这一品种叫作重点色山猫（Lynx Colourpoint）。最初人们只繁育出海豹色斑纹品种，现在繁育标准中已经添加了许多其他漂亮的斑纹品种。

深蓝色眼睛

粉红色鼻尖上带深色印圈

带深色斑点的胡须垫

修长的躯干

耳郭颜色与假面一致

假面（mask，猫面部的斑纹）上有界线清晰的条纹，带典型的"M"形斑纹

象牙色躯干，带巧克力色重点色

尾巴上带有界线清晰的环状纹，尾尖单色

腿部有单色条纹

暹罗猫——玳瑁色重点色（SIAMESE—TORTIE-POINTED）

多彩的重点色赋予这种暹罗猫特有的魅力

原产地	英国
初始繁育时间	20世纪60年代
注册机构	GCCF，TICA
体重范围	2.5~5.5千克
梳理要求	每周1次

毛色和花纹
各种玳瑁色重点色，包括海豹色、蓝色、巧克力色、淡紫色、肉桂色、浅黄褐色和焦糖色。

暹罗猫的玳瑁色重点色品种的繁育涉及很复杂的过程，包括引进橙色基因；这一基因会导致像海豹色、蓝色或浅黄褐色之类的随机变化，从而产生杂色斑纹（其上的红色、杏黄色或奶油色阴影部分很显著），在一些变种中还出现条纹。幼猫身上的充分混合色会逐渐显现，要经历1年时间才长成满色。在20世纪60年代晚期，海豹玳瑁色重点色是被英国正式认可的玳瑁色暹罗猫的第一种毛色。

深蓝色眼睛

精致的鼻口部

长长的鞭形尾巴

与头部轮廓相吻合的大型竖耳

修长优雅的躯干

鼻尖颜色与重点色协调

重点色与象牙色躯干形成鲜明对比

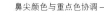

带海豹玳瑁色重点色的淡白色被毛

每个玳瑁色斑点均被奶油色被毛隔开

重点色短毛猫（COLOURPOINT SHORTHAIR）

有爱心、喜欢玩耍和被人关注的猫咪

原产地	美国
初始繁育时间	20世纪四五十年代
注册机构	CFA
体重范围	2.5~5.5千克
梳理要求	每周1次

毛色和花纹
各种单色、玳瑁色和斑纹重点色。

重点色短毛猫是在20世纪四五十年代期间，人们专为其美丽的颜色组合而繁育的品种，最初利用一只暹罗猫和一只斑纹美国短毛猫（见61页）进行杂交。若不是多样的重点色，重点色短毛猫很难与它的暹罗猫表亲区分开来，因为它也有着相同的瘦长躯干、修长的头部、超大的耳朵和璀璨的蓝眼睛。重点色短毛猫聪明而好交际，叫声响亮，喜欢成为注意力的焦点。它需要家庭生活，乐趣越多越好，不适合长时间出门在外的主人。

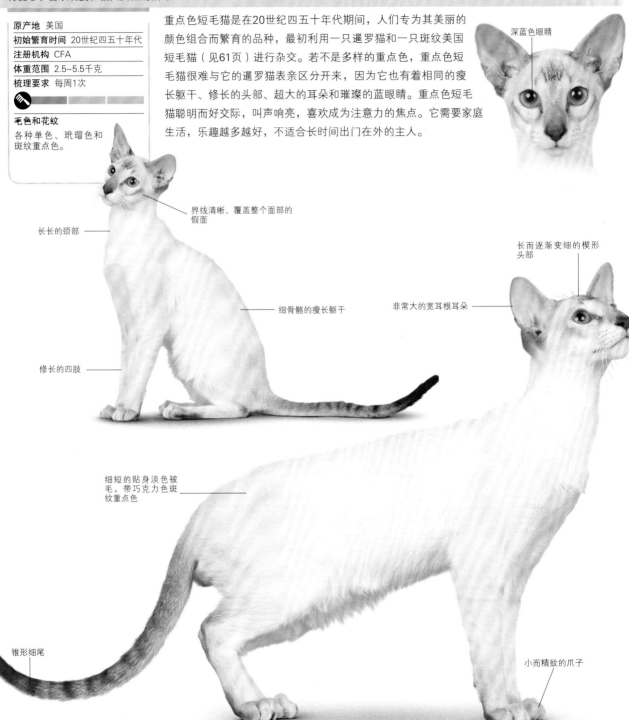

深蓝色眼睛

界线清晰、覆盖整个面部的假面

长长的颈部

细骨骼的瘦长躯干

修长的四肢

长而逐渐变细的楔形头部

非常大的宽耳根耳朵

细短的贴身淡色被毛，带巧克力色斑纹重点色

锥形细尾

小而精致的爪子

塞舌尔猫（SEYCHELLOIS）

这种猫咪不适合爱安静生活的主人

原产地	英国
初始繁育时间	20世纪80年代
注册机构	FIFe，TICA
体重范围	4~6.5千克
梳理要求	每周1次

毛色和花纹

被毛为白色底色，带对比鲜明的单色、玳瑁色和斑纹。总是带双色和重点色花纹。

塞舌尔猫是相对较新的猫种，还未得到世界范围的认可，是英国的繁育者为模仿在塞舌尔发现的带独特花纹的猫咪而繁育的品种。最初利用一只暹罗猫（见54~57页）和一只玳瑁白色波斯猫（见152页）进行杂交；后来，东方短毛猫加入繁育计划，培育出短毛和长毛两个长头大耳的漂亮品种。根据其醒目的花色斑纹范围，塞舌尔猫被分为三种类型：九分猫（花色斑纹最小）、七分猫和八分猫（花色斑纹最大）。塞舌尔猫有着没头脑的名声，据说是很挑剔但也富有爱心的伴侣。

大大的尖耳

深蓝色杏仁状眼睛

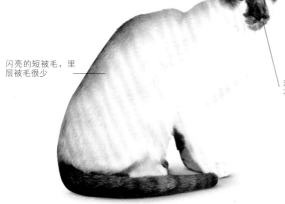

闪亮的短被毛，里层被毛很少

对比鲜明的海豹色花纹

楔形头部，长而笔直的鼻子

长长的颈部

瘦长的躯干，被毛上带有巧克力色花纹

长而细的深色尾巴

修长而健壮的四肢

白色的椭圆形小爪子

雪鞋猫（SNOWSHOE）

恰如其名，这一重点色猫咪有着独特、闪亮的白色爪子

原产地	美国
初始繁育时间	20世纪60年代
注册机构	FIFe, GCCF, TICA
体重范围	2.5~5.5千克
梳理要求	每周1次

毛色和花纹
典型的暹罗猫重点色花纹，白色爪子。蓝色和海豹色最常见。

定义雪鞋猫的白色爪子最初被视为"繁育失误"，最早见于一只正常重点色暹罗猫诞下的一窝幼猫。它们的繁育者、美国费城的多萝西·汉兹多尔蒂非常喜欢这些猫咪，并利用一只暹罗猫（见54~57页）和一只美国短毛猫（见61页）进行杂交，来继续繁育这一有着醒目外貌的新品种。雪鞋猫聪明而反应灵敏，充满个性，喜欢家庭氛围，时刻愿意看到家人。大多数雪鞋猫与其他猫咪相处融洽，它们稳定的性格使其成为初次养猫之人的良好选择。

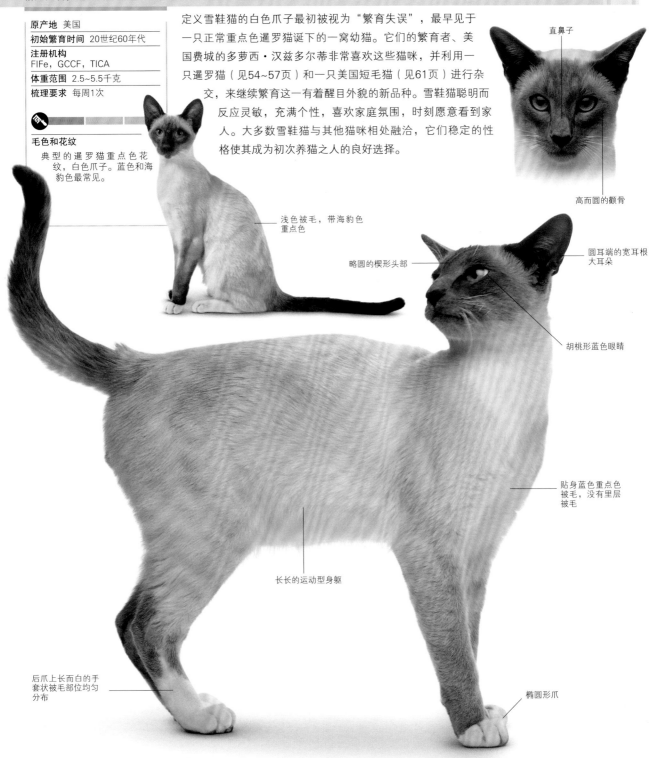

直鼻子

高而圆的颧骨

浅色被毛，带海豹色重点色

略圆的楔形头部

圆耳端的宽耳根大耳朵

胡桃形蓝色眼睛

贴身蓝色重点色被毛，没有里层被毛

长长的运动型身躯

后爪上长而白的手套状被毛部位均匀分布

椭圆形爪

美国短毛猫（AMERICAN SHORTHAIR）

毛色认可范围广泛的猫咪品种，精力充沛而又易于照顾

原产地	美国
初始繁育时间	19世纪90年代
注册机构	CFA，TICA
体重范围	3.5~7千克
梳理要求	每周2~3次

毛色和花纹

大多数单色和阴影色，花纹包括双色、玳瑁色和斑纹。

美国最早的家猫据说是随17世纪的移民来到新大陆的猫咪，接下来的几个世纪里，壮实而具有工作效率的猫咪扩散到整个美国，它们大多是熟练的捕鼠能手而非家庭宠物。但到了20世纪初，一种庭院捕鼠猫的改良品种开始出现，被称为短毛家猫。人们精心的繁育进一步改良了家猫品种，到20世纪60年代，该品种被更名为美国短毛猫，逐渐在纯种猫咪展览上吸引人们的注意力。美国短毛猫健康而且性格坚忍，是适合几乎任何类型家庭的完美宠物。

宽而圆的头部

方形鼻口部和结实的颌部

带饱满面庞的大型头部

耳端略圆的耳朵

弹性十足的厚短被毛

经典银色斑纹被毛

肉垫很厚的圆形爪

发育良好的健壮躯干

锥形尾巴，末端圆形

直而强健的四肢

独立精神
欧洲短毛猫繁育于瑞典，这种态度严肃的猫咪无论是室内还是户外生活都能适应。图中这只红色斑纹幼猫会很快成长为健壮而自立的典型欧洲短毛猫。

欧洲短毛猫（EUROPEAN SHORTHAIR）

气质高贵的优良家猫

原产地 瑞典
初始繁育时间 20世纪80年代
注册机构 FIFe
体重范围 3.5~7千克
梳理要求 每周1次

毛色和花纹
各种单色和烟色组成的双色。花纹包括重点色、玳瑁色和斑纹。

乍一看，欧洲短毛猫颇像典型的家猫。该品种在斯堪的纳维亚地区非常流行，在瑞典由普通家猫繁育而来，精心的繁育计划确保了只利用最好的种群和优良的身体形态和气质。与包括英国短毛猫在内的大多数相近类型猫种不同，欧洲短毛猫没有进行过与其他猫种之间的杂交。体格健壮的欧洲短毛猫在室内和户外都会健康成长。这种猫咪值得主人信赖，爱好交际，但保持了独立性格，对陌生人有些冷淡。

蓝色眼睛

发育良好的颧骨，大而圆的脸庞

弹性好的奶油色厚被毛

相当宽的直鼻

坚实的圆形爪

耳部可能有丛毛

健壮的颈部

中等长度、肌肉发达的结实躯干

带蓝色阴影色的厚实被毛

圆胸

尾根处粗

健壮的四肢，均匀的蓝色重点色延伸至爪子

尾部蓝色重点色最深

夏特尔猫（CHARTREUX）

矮胖但很灵活的猫咪，带有"微笑"的表情

原产地	法国
初始繁育时间	18世纪之前
注册机构	CFA，FIFe，TICA
体重范围	3.5~7千克
梳理要求	每周2~3次

毛色和花纹

仅认可蓝灰色。

这一很老的法国猫种到底有多么悠久的历史，人们至今仍在争论。夏特尔猫在18世纪中期被首次命名，有些传说将该猫咪与闻名的夏特尔甜露酒制造者——加尔都西的僧侣联系起来，尽管没有证据表明这些僧侣曾喂养过夏特尔猫模样的绒被毛蓝色猫咪。夏特尔猫有着安静而无所求的性格，柔柔的叫声，是低调而富有爱心的家猫。它喜欢安静地玩耍，只偶尔在捕猎时爆发出不寻常的力量。

圆形头部，面颊饱满

狭窄的锥形鼻口部，带有"微笑"的表情

带浅鼻止的蓝灰色直鼻梁

蓝灰色厚短被毛

金色圆眼睛

短颈部

蓝色唇部

防风雨、质地略柔软的被毛

肌肉发达的健壮躯干，但不粗短

强健的细骨骼四肢

俄罗斯蓝猫（RUSSIAN BLUE）

这种文雅的猫咪性格友善而独立，不过分要求主人关注

原产地 俄罗斯	
初始繁育时间 19世纪之前	
注册机构 CFA，FIFe，TICA	
体重范围 3~5.5千克	
梳理要求 每周1次	

毛色和花纹
各种蓝色阴影色。

有关俄罗斯蓝猫血统的最广为人们接受的说法显示，它起源于俄罗斯的阿尔汉格尔斯克港，紧挨北极圈南侧。据说水手们将俄罗斯蓝猫带到了欧洲，早在19纪末就在英国引起人们的兴趣，后来这种猫咪也出现在20世纪早期的北美。高雅的气质加上奢华的蓝色被毛，俄罗斯蓝猫在当今世界上充分受宠就不足为奇了。它对陌生者矜持，但深爱主人。人们培育出了不同颜色的品种，均命名为俄罗斯短毛猫。

厚厚的被毛使脸庞显得宽大

直鼻梁

奢华的蓝色厚被毛

锥形长尾巴

骨质细密的长四肢

长而灵活的身躯

间距宽的大耳朵，耳端细

明亮的绿色眼睛

银毛尖色的外层护毛

圆形小爪子

奢华的被毛
俄罗斯蓝猫的显著特征是它那厚密而闪亮的被毛。图中的幼猫仍处在"萌宠"期，待到成熟之时，它会集优雅和高贵于一身。

健壮的大型身躯

短而厚密的黑色被毛，没有白色斑纹

间距很宽的小耳朵

圆圆的金色大眼睛

健壮的短脖颈

面颊饱满的大头

结实的圆形爪

骨骼壮实的中短长度四肢

尾巴略呈锥形

英国短毛猫——单色（BRITISH SHORTHAIR—SELF）

集俊美与随和性情于一身的猫咪

原产地 英国	
初始繁育时间 19世纪	
注册机构 CFA，FIFe，GCCF，TICA	
体重范围 4~8千克	
梳理要求 每周1次	

毛色和花纹
各种单色。

英国短毛猫繁育于普通英国家猫中最优秀的品种，是19世纪晚期出现在猫展中的最早一批纯种猫之一。在随后的几十年间，它几乎被长毛猫咪品种尤其是波斯猫所替代，但自20世纪中叶以后侥幸得以复兴。

作为以前靠控制农场和家庭鼠患为生的猫咪的后代，英国短毛猫现在是人们壁炉边的完美家宠。它在欧洲非常受人们宠爱，即使在美国它不太出名，也逐渐收获不少粉丝。

人们许多年的精心繁育培养出了品质优异、体形比例匀称的品种。体格健壮的英国短毛猫有着中型到大型紧凑的躯干、结实的四肢；圆圆的大型头部、宽面颊和圆睁的大眼睛是其典型特征，毛色各异的厚短被毛质地密实。

英国短毛猫性格安静而友好，正如它那胖嘟嘟的面容和安详的表情一样，在城市和乡村都很容易喂养。它体格健壮，但不喜欢活跃和运动，更喜欢卧于地上，而且非常乐待在家中并霸占沙发。其实英国短毛猫也喜欢户外活动时间，也愿意利用捕猎技能，这可是它的先祖的价值所在。

英国短毛猫默默表达对主人的爱意，喜欢贴近主人，尽管对家中发生的一切总保持警觉，但它不太要求对自身的过分关注。

英国短毛猫一般精力充沛而健康，还很长寿，易于喂养。厚厚的被毛也不易打结和缠绕，常规的梳理就可保持理顺状态。

英国短毛猫——重点色 （BRITISH SHORTHAIR— COLOURPOINTED）

暹罗猫的毛色赋予这一传统猫咪品种新的外貌

原产地	英国
初始繁育时间	19世纪
注册机构	FIFe, GCCF, TICA
体重范围	4~8千克
梳理要求	每周1次

毛色和花纹
各类重点色，包括蓝奶油色、海豹色、红色、巧克力色和淡紫色；也有斑纹和玳瑁色花纹。

重点色英国短毛猫是英国短毛猫变种里的最新品种，在1991年才被认可。这一罕见品种是用带重点色被毛花纹的暹罗猫来培育英国短毛猫新品种的实验杂交后代。人们培育出各种不同的诱人颜色的被毛。像暹罗猫一样，所有毛色的新品种都有蓝色眼睛，而英国短毛猫典型的结实躯干和圆形头颅保持不变。因为名字相似，重点色英国短毛猫有时会与一个叫作重点色短毛猫（见58页）的东方短毛猫类型的美国品种相混淆。

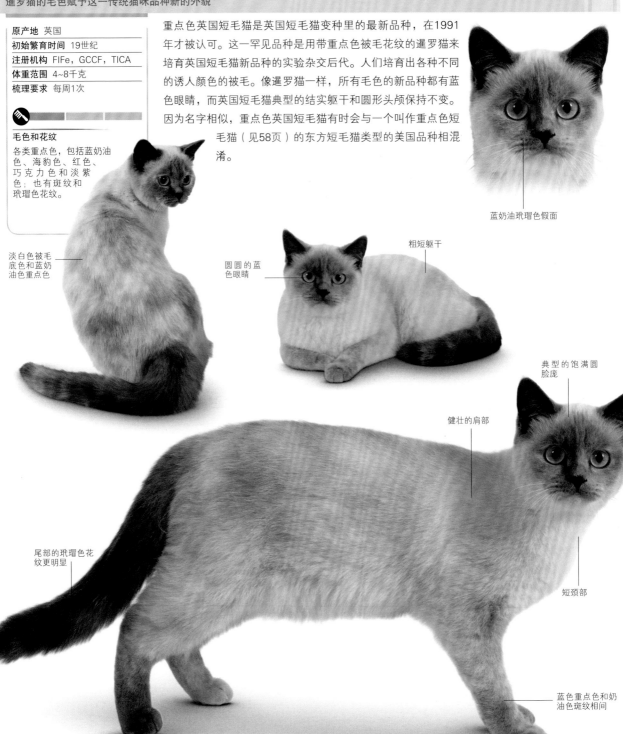

蓝奶油玳瑁色假面

淡白色被毛底色和蓝奶油色重点色

圆圆的蓝色眼睛

粗短躯干

典型的饱满圆脸庞

健壮的肩部

尾部的玳瑁色花纹更明显

短颈部

蓝色重点色和奶油色斑纹相间

英国短毛猫——双色（BRITISH SHORTHAIR—BICOLOUR）

这种俊俏的猫咪长有花色斑纹

原产地	英国
初始繁育时间	19世纪
注册机构	CFA，FIFe，GCCF，TICA
体重范围	4~8千克
梳理要求	每周1次

毛色和花纹
黑色和白色、蓝色和白色、红色和白色以及奶油色和白色。

在19世纪问世初期，黑白色英国短毛猫很受人们珍爱，但从未普及过。这种猫咪今天更名为双色英国短毛猫，有数个黑白毛色搭配的品种，直到20世纪60年代才得以充分培育。在当时，几近苛刻的繁育标准要求孕育出的猫咪躯干和头部的斑纹完全对称，这几乎无法实现。后来这一标准有所放松，但最好的双色英国短毛猫品种仍会有鲜明而匀称的斑纹。

鼻尖粉红色

单色尾巴

蓬松的被毛

宽而圆的颧骨

幼猫

圆圆的金色大眼睛

面部白色焰斑

大而健壮的躯干

对称分布的蓝色斑纹

骨骼结实的笔直前肢

四肢和下腹白色被毛

圆形爪

沉稳的性格

这只英国短毛幼猫在游戏中间打盹儿，已经显示出圆颧骨这一品种特征。尽管性格温和可亲，但英国短毛猫很喜欢自娱自乐。

英国短毛猫——烟色（BRITISH SHORTHAIR—SMOKE）

这一猫种隐藏的银色里层被毛会产生独特的效果

原产地 英国	
初始繁育时间 19世纪	
注册机构 CFA，FIFe，GCCF，TICA	
体重范围 4~8千克	
梳理要求 每周1次	

毛色和花纹
所有单色、玳瑁色和重点色花纹上的烟色花纹。

一只烟色英国短毛猫看上去好像是单色，直到它奔跑起来或被毛被分开而显现出毛根部的狭窄银色毛段，这就是抑制被毛颜色发育的"银色基因"的效果，而烟色英国短毛猫是从其祖先的银色斑纹基因那里继承得来的。烟色在玳瑁色品种身上更引人注目，其表层被毛为双色。

橙色圆眼睛

黑色鼻尖

结实的圆形大爪子

圆耳端

圆圆的前额

突出的胡须垫

尾巴逐渐变细至圆尾尖

深胸

隐藏银色里层被毛的黑烟色表层被毛

健壮的中短长度四肢

英国短毛猫——斑纹（BRITISH SHORTHAIR—TABBY）

这是人们最喜爱的老品种，被培育出许多诱人毛色的变种

原产地 英国	
初始繁育时间 19世纪	
注册机构 CFA, FIFe, GCCF, TICA	
体重范围 4~8千克	
梳理要求 每周1次	

毛色和花纹
所有传统的多色斑纹，包括银色变种；各种玳瑁色斑纹，包括银色变种。

尽管英国短毛猫属于性格最温和的品种，但斑纹短毛猫还是让人们想起它野性的斑纹祖先——老虎。棕色斑纹英国短毛猫于19世纪70年代出现在第一批猫展上露面的英国短毛猫中。在早期的繁育中，红色和银色品种很受人欢迎。斑纹英国短毛猫毛色范围广泛，有三种传统斑纹：大涡纹状的经典斑纹、窄纹的鲭鱼斑纹和斑点纹。在玳瑁色斑纹品种身上，被毛有不同的底色。

前额典型的"M"形纹

鼻尖砖红色

沿脊椎而下的直纹线

红色经典斑纹被毛

尾部均匀分布的环状纹

整个躯干上底色均匀

颧骨上的窄纹

大而圆的金色眼睛

腿部有深色横环纹

环绕颈部的条纹

英国短毛猫——毛尖色（BRITISH SHORTHAIR—TIPPED）

被毛闪亮、毛色精致的猫咪

原产地	英国
初始繁育时间	19世纪
注册机构	CFA, FIFe, GCCF, TICA
体重范围	4~8千克
梳理要求	每周1次

毛色和花纹
各类毛色，包括白色或金色里层被毛配黑色毛尖色，白色里层被毛配红色毛尖色。

毛尖色英国短毛猫的淡白色里层被毛仿佛镀了一层浅色，这一效果是由于外层被毛的1/8毛端处着色所致。毛尖色英国短毛猫（最初称为金吉拉色短毛猫）有多个毛色品种，包括银色（白色里层被毛配黑色毛尖色）、金色（暖金色或杏黄色里层被毛配黑色毛尖色）和罕见的红色（白色里层被毛配红色毛尖色，在美国被称为贝雕豆沙色）。

圆形鼻口部

带红色眼圈的铜色眼睛

背部、侧腹和头部分布黑毛尖色

与红毛尖色被毛对比鲜明的白色腹部

黑色轮廓的红色鼻尖

中小型耳朵

黑毛尖色被毛

短而厚实的颈部

四肢浅毛尖色

黑尾尖尾巴，下侧白色

侧腹处躯干深厚

英国短毛猫——玳瑁色（BRITISH SHORTHAIR—TORTIE）

混合毛色使这种猫咪的被毛呈现少见的大理石纹理

原产地	英国
初始繁育时间	19世纪
注册机构	CFA，FIFe，GCCF，TICA
体重范围	4~8千克
梳理要求	每周1次

毛色和花纹

蓝奶油色、巧克力色、淡紫色或黑玳瑁色（玳瑁白色中带有白色斑纹）。

玳瑁色英国短毛猫的两种被毛颜色柔性混合，虽有多个毛色变种，但最常见也是最早培育的为玳瑁色，即黑红混合色。另一种较老的毛色品种是蓝奶油玳瑁色品种，20世纪50年代被人们认可。玳瑁白色品种在美国被称为杂色猫，它的色彩斑纹更为清晰。由于基因关系，玳瑁色英国短毛猫几乎全是雌猫，极少数的雄猫个体没有生育能力。

深橙色眼睛

白色斑纹覆盖躯干的1/3

白色爪子

界线清晰的玳瑁色花纹区域

红色和黑色被毛区域均匀混合

浓密的玳瑁色被毛

短而水平的背部

宽耳根

鼻部有浅凹陷

宽胸

圆形爪

土耳其短毛猫（TURKISH SHORTHAIR）

这是一个鲜为人知的品种，与人相处融洽，富有爱心

原产地	土耳其
初始繁育时间	17世纪之前
注册机构	无
体重范围	3~8.5千克
梳理要求	每周1次

毛色和花纹

除巧克力色之外，肉桂色、淡紫色和浅黄褐色等所有毛色。除重点色外的所有花纹。

土耳其短毛猫的历史并不确定，该品种在土耳其的各个地区呈自然分布，可能有相当长的生存历史。土耳其短毛猫在土耳其也被称为安那托利亚猫（Anatolian or Anatoli），与长毛土耳其梵猫（见176页）相似，所以二者很容易相混。这种猫咪甚至在原产地都很少见，但繁育者们，尤其是德国和荷兰的繁育者一直致力于增加该品种的数量。这种健壮而灵活的猫咪非常喜欢戏水，出了名地爱洗澡。

略呈杏仁状的大眼睛

肌肉健壮的颈部

带圆颌的中等宽度头部

玳瑁白色被毛

尾尖略圆

间距很大的宽耳根耳朵

短而厚密的玳瑁白色被毛，没有里层被毛

健壮的中等大小身躯

肌肉发达的健壮前肢

齐整的圆形爪

欧斯亚史烈斯猫（OJOS AZULES）

这种神秘而稀有的猫咪是纯种猫里的新来者

原产地	美国
初始繁育时间	20世纪80年代
注册机构	TICA
体重范围	4~5.5千克
梳理要求	每周1次

毛色和花纹
所有毛色和花纹。

欧斯亚史烈斯猫（西班牙语意为"蓝眼猫"）于1984年在美国新墨西哥州被首次发现，是世界上最稀有的猫咪品种之一。它那令人惊奇的眼睛颜色非常独特，因为任何被毛和花纹类型（包括长毛品种）的欧斯亚史烈斯猫都有一只或两只蓝色眼睛。现在基因学家们在密切监测该品种的繁育，因为已经出现包括头颅畸形的严重健康问题。欧斯亚史烈斯猫繁育数量太少，所以有关这种美丽优雅的猫咪的特征人们知之甚少，据说它性情友好而富有爱心。

鼻部有浅凹陷

三角形头部，颧骨突出

亲切的表情

丝质精细的被毛，带有黑色和红玳瑁色斑纹

双色眼睛

耳部在头部相对高处

方形鼻口部

锥形尾巴，带广泛玳瑁色斑纹

后肢略长于前肢

埃及猫（EGYPTIAN MAU）

带显眼眼花纹，唯一具有天然斑点的家猫品种

原产地	埃及
初始繁育时间	20世纪50年代
注册机构	CFA，FIFe，GCCF，TICA
体重范围	2.5~5千克
梳理要求	每周1次

毛色和花纹

在斑点纹被毛中有铜色和银色被毛，黑烟色被毛有"幽灵"斑纹。

埃及猫与古埃及法老墓中壁画上的长身斑点猫有一定相似处，但不能说是其直系后代。现代埃及猫是由一位叫作娜塔莉·图柏斯基的俄罗斯流亡公主培育出的品种，她在1956年从意大利送往美国数只埃及斑点猫。许多年来，埃及猫的种猫数量很少，直到20世纪晚期，新进口的种猫才振兴了基因库。埃及猫很亲和，但容易敏感和羞涩，需要在早期进行耐心体贴的社交训练。它最适合有经验的猫咪主人。一旦埃及猫与家庭亲密融合，它会忠诚主人一生。

中长楔形头部

杏仁状绿色大眼睛

宽耳根的大耳朵

铜色斑点纹被毛

前额典型的"M"形斑纹

被毛上的斑点无序排列

后肢略长于前肢

侧腹和后肢间的皮肤松弛

上胸部和颈部有断断续续的项链状花纹

略呈椭圆形的小爪子

稀有的美丽品种
一只银色埃及猫在茂盛的草丛中潜行，绿色的大眼睛注视着可能的猎物。这种绝色美丽的斑点猫数量极为稀少，有三种被认可的毛色。

阿拉伯猫 (ARABIAN MAU)

能够很好适应家庭生活的沙漠猫品种

原产地	阿拉伯联合酋长国
初始繁育时间	21世纪（现代品种）
注册机构	无
体重范围	3~7千克
梳理要求	每周1次

毛色和花纹

各种单色和花纹，包括斑纹和双色花纹。

作为阿拉伯半岛的本土猫种，阿拉伯猫本在沙漠栖息，随着人类蚕食其领地而迁徙到城市街头。人们对它的繁育计划开始于2004年，目的是保留它的原始特性和天生耐寒能力。精力充沛的阿拉伯猫需要精神激励，可能不太好驾驭，也不满足于整日里无所事事，但它忠诚而富有爱心，能理解它的主人会发现其价值。

显著的胡须垫

略斜的椭圆形眼睛

斑点花纹延伸至腹部下方

四肢修长，爪子呈椭圆形

大大的尖耳

鼻子略微凹陷

项链状斑纹

白色单色被毛

中到大型的健壮身躯

四肢上有条状花纹

单层鲭鱼斑纹被毛，质地结实

阿比西尼亚猫（ABYSSINIAN）

这种线条优美的猫咪精力充沛，需要游戏和探索的空间

原产地	埃塞俄比亚
初始繁育时间	19世纪
注册机构	CFA, FIFe, GCCF, TICA
体重范围	4~7.5千克
梳理要求	每周1次

毛色和花纹
数种毛色形式，都具有独特的多层色和面部斑纹。

有关阿比西尼亚猫的历史有多种说法：其中一个离奇诱人的故事讲述它是古埃及圣猫的后代；另一较可信的版本表明，它的祖先可能是19世纪晚期阿比西尼亚（今埃塞俄比亚）战争结束时，英国军人带回国内的猫种。人们能确定的事实是，现代阿比西尼亚猫是在英国繁育的，为英国短毛猫（见68~77页）和一种可能为进口的少见猫种之间杂交培育的后代。健壮的体格、贵族般的风采和美丽的多层色被毛，使得阿比西尼亚猫成为带有一丝野性的引人注目的猫咪。它智慧而友爱，是绝好的人类伴侣，喜欢充满挑战的生活。

带显著胡须垫的圆形鼻口部

眼部周围独有的黑色面部斑纹

丝质光滑的普通被毛

黑色眼圈

间距宽的竖立大耳朵

结构平衡的优美躯干

质地精细的蓝色被毛

被毛上所有毛都分层，有对比鲜明的色段

浅色下腹

长长的锥形尾巴

修长的四肢

相对较小的爪子

明亮的眼睛
即使是很小的阿比西尼亚幼猫，眼睛和耳朵都时刻警惕并转动着。几乎所有事物都能引起这种超级聪明的猫咪的兴趣，它需要充分而规律的激励。

澳大利亚雾猫（AUSTRALIAN MIST）

这种富有亲和力的猫咪有着稳定的性情和精致美丽的被毛

原产地	澳大利亚
初始繁育时间	20世纪70年代
注册机构	GCCF
体重范围	3.5~6千克
梳理要求	每周1次

毛色和花纹

斑点或大理石斑纹，被多层色生成"迷雾"效果；毛色包括棕色、蓝色、桃色、巧克力色、淡紫色和金色。

澳大利亚雾猫是在澳大利亚繁育的首个纯种猫品种，由缅甸猫（见39、40页）、阿比西尼亚猫（见83~85页）和澳大利亚短毛家猫杂交培育而成，原本被称为斑点雾猫。澳大利亚雾猫有多种引人注目的斑点花纹、大理石花纹和多种毛色，所有这些都被多层色强化并生成精致的"迷雾"效果。该猫在本国非常受人欢迎，以易于喂养而著称。澳大利亚雾猫性情友爱，喜欢居室生活，既适宜做儿童的玩伴，也能成为喜欢安逸的主人的忠实伴侣。

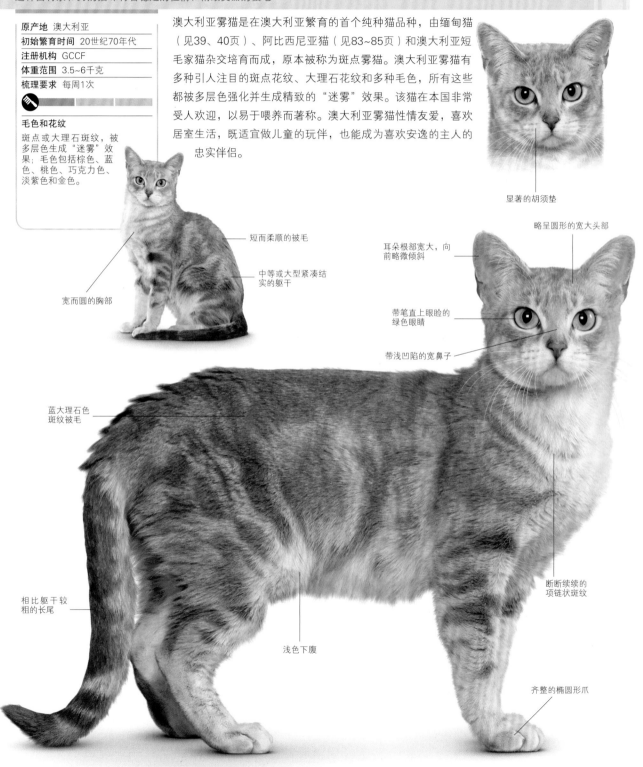

显著的胡须垫

略呈圆形的宽大头部

耳朵根部宽大，向前略微倾斜

带笔直上眼睑的绿色眼睛

带浅凹陷的宽鼻子

短而柔顺的被毛

中等或大型紧凑结实的躯干

宽而圆的胸部

蓝大理石色斑纹被毛

断断续续的项链状斑纹

相比躯干较粗的长尾

浅色下腹

齐整的椭圆形爪

锡兰猫（CEYLON）

骨质细密的猫咪，体态优雅，斑纹被毛很引人注目

原产地	斯里兰卡
初始繁育时间	20世纪80年代
注册机构	无
体重范围	4~7.5千克
梳理要求	每周1次

毛色和花纹

马尼拉色（在金黄色底层被毛色上有黑色多层色）；各种其他斑纹和多层色，包括蓝色、红色、奶油色和玳瑁色。

锡兰猫以家乡地锡兰（今斯里兰卡）而命名，在20世纪80年代早期被输送到意大利进行繁育，现可见于世界各地。锡兰猫可能在意大利不如其他猫咪品种出名，但已享有一定的知名度。它漂亮的多层色被毛和沙色被毛在外观上与阿比西尼亚猫（见83~85页）相似，尽管二者没有任何关联。锡兰猫的前额上有独特的"眼镜"斑纹，备受人们珍爱。同时繁育者们称道其友好的性情和对关注的良好反应能力。

带黑色眼圈的黄绿色眼睛

前额上独特的"眼镜蛇"斑纹

颧骨和前额上的深色圈线

头部上端的大耳朵

界线清晰的腿部条纹

幼猫

环绕颈部的项链状斑纹

沙色和黑色多层色被毛

躯干上界线清晰的多层色

宽胸

短而细的被毛，里层被毛非常少

骨质细密但健壮的四肢

力量与优雅

奥西猫是天生的运动家，在运动中充分地显现它优美体形中蕴藏的力量。顺滑的斑点被毛覆盖平稳移动的肌肉。

奥西猫（OCICAT）

适应性强而自信的猫咪，对训练反应灵敏

原产地	美国
初始繁育时间	20世纪60年代
注册机构	CFA，FIFe，GCCF，TICA
体重范围	2.5~6.5千克
梳理要求	每周1次

毛色和花纹

黑色、棕色、蓝色、淡紫色和浅黄褐色；斑点花纹。

这种美丽的斑点猫并不像其名字表明的那样，它不是家猫和中南美洲的本土丛林猫种——美洲豹猫的杂交后代，但与美洲豹猫外观相似。奥西猫是1964年在培育一只与阿比西尼亚猫（见83~85页）的多层色被毛匹配的重点色暹罗猫（见54~57页）时的意外实验成果。第一只显示该特征的幼猫仅被当作宠物，而随后繁育出的则被用作新品种的种猫。奥西猫繁育计划因为美国短毛猫（见61页）的加入而孕育出更大体形和丰富特征的个体。奥西猫性格讨人喜欢，钟爱主人陪伴而且容易管教。

略呈方形的宽鼻口部

银色斑点花纹

前额特有的"M"形斑纹

带黑色眼圈的杏仁状大眼睛

尾尖毛色最深

眼睛周围和下颌上的浅色斑纹

颧骨上的深色线圈

健壮的运动型躯干

亮巧克力色斑纹短被毛，带"拇指纹"斑点

环绕颈部的项链状斑纹

略呈锥形的长尾

椭圆形爪

经典奥西猫（OCICAT CLASSIC）

有着与众不同、美丽醒目的斑纹的大猫咪

原产地	美国
初始繁育时间	20世纪60年代
注册机构	GCCF
体重范围	2.5~6.5千克
梳理要求	每周1次

毛色和花纹
各色经典斑纹，包括银色。

经典奥西猫是奥西猫的变种，有着经典斑纹而非斑点纹，只是在相对较近的时期才被认可为独立品种，但并不为所有注册机构认可。这种猫咪与它的斑点纹表亲（见88、89页）有相同繁育历史，是暹罗猫（见54~57页）、阿比西尼亚猫（见83~85页）和美国短毛猫（见61页）的杂交品种。经典奥西猫精力充沛，热衷游戏和攀爬高处，性格优秀而爱交际。它不喜欢长时间独处，最适合人多而热闹的家庭。

宽耳根大耳朵

长而宽的鼻口部

杏仁状大眼睛，角度略朝向耳根

在多层棕色被毛上有深色斑纹

顺尾部有深色环纹

前额上传统的"M"形斑纹

顺肩部和脊椎延伸的深色连续线条

肌肉发达的大型灵活躯干

腿部间隔均匀的手镯状斑纹

肯尼亚猫（SOKOKE）

这种猫咪性格平和，但对家庭占有欲强

原产地 肯尼亚

初始繁育时间 20世纪70年代
（现代品种）

注册机构 FIFe，TICA

体重范围 3.5~6.5千克

梳理要求 每周1次

毛色和花纹
仅限多层棕色斑纹。

肯尼亚猫有着引人注目的斑纹被毛，原产于肯尼亚沿海的阿拉布克·索克奇（Arabuko Sokoke）森林地区，在20世纪70年代晚期被人们发现，一位英籍肯尼亚人收养了两只花纹独特的野生幼猫并用于繁育。肯尼亚猫后来被输送到欧洲和美国，21世纪人们又引入了新的种系。现代肯尼亚猫结合了新老品种的特征，能与家庭结成紧密的关系，有些个体天生具有发声与主人交流的才能。成熟后的肯尼亚猫非常好动和喜欢游戏。

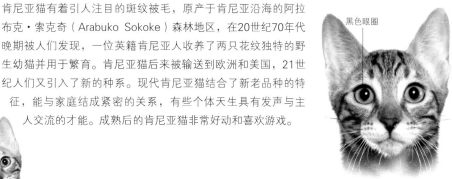

黑色眼圈

显著的胡须垫

骨质细密的修长四肢

尾尖黑色

宽耳根的竖立大耳朵

被多层色模糊的经典斑纹

顶端近乎平坦的颅骨

手感坚实的鞭形长尾

喉部有帽带状斑纹

长后肢导致踮脚步态

加州闪亮猫（CALIFORNIA SPANGLED）

该猫有着异国丛林动物的外表，但性格一点也不凶猛

原产地	美国
初始繁育时间	20世纪70年代
注册机构	无
体重范围	4~7千克
梳理要求	每周1次

毛色和花纹

斑点纹；里层被毛色包括银色、铜色、金色、红色、蓝色、黑色、棕色、炭黑色和白色。

享有盛名的加州闪亮猫就像是美洲豹和美洲豹猫一样的野生猫科动物的迷你复制品，是热心的动物保护人士——保罗·凯西繁育的品种，他专门从事阻止为毛皮而猎杀野生动物的活动。凯西认为，如果人们将斑点皮毛同他们的宠物猫联系起来，就会厌恶以时尚名义毁灭野生动物的行径。加州闪亮猫由不同家猫品种繁育而成，没有野生猫咪品种的血缘构成。它最喜欢玩耍和捕猎，也爱交际并富有亲和力，而且易于管理。

略圆的前额

宽颧骨

显著的胡须垫

界线清晰的不同形状的斑点，包括圆形、块形和椭圆形

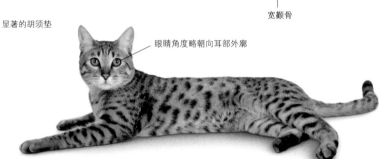

眼睛角度略朝向耳部外廓

金色斑点纹被毛，质地柔软光滑

耳部位于头顶

尾部有深色环纹，深色尾尖

肌肉结实的修长躯干

腿部有深色横纹

虎猫（TOYGER）

这种适宜做伴侣的猫咪富有智慧和美貌，在猫迷中享有盛誉

原产地	美国
初始繁育时间	20世纪90年代
注册机构	TICA
体重范围	5.5~10千克
梳理要求	每周1次

毛色和花纹
仅限棕色鲭鱼斑纹。

人们在20世纪90年代用一只条纹短毛猫和一只孟加拉猫（见94、95页）杂交繁育出了虎猫。它有着带无序竖直条纹的斑纹被毛，与任何另外一种斑纹都显著不同。它肌肉发达，体形健美，这种独一无二的"玩具老虎"在运动中显示出丛林之王的力量和优雅。虎猫自信而外向，但生活态度悠闲，使其非常适合任何家庭。这种猫咪尽管活跃好动，但很容易管理，主人可以教它游戏或戴牵绳散步。

长而宽的头部

奢华闪亮的短被毛

带浓密饰毛的小而圆的耳朵

黑色眼圈的圆眼睛

幼猫

头部蝴蝶斑纹

肌肉发达的颈部

低矮的壮硕长躯干

肌肉发达的低尾根长尾，带有环状纹

健壮的前躯

棕色鲭鱼斑纹被毛

长而结实的躯干

奢华的雪花斑点厚被毛，手感丝滑

头部长度超过宽度

眼睛周围睫毛状斑纹

耳根宽，耳端尖，整个耳朵相对较短

颧骨显著

低尾根粗尾

圆形大爪子

肌肉发达的健壮四肢

孟加拉猫（BENGAL）

这种猫咪有着醒目的美丽斑点被毛和充满活力的性格

原产地	美国
初始繁育时间	20世纪70年代
注册机构	FIFe、GCCF、TICA
体重范围	5.5~10千克
梳理要求	每周1次

毛色和花纹
棕色、海豹深褐色、雪花色；斑点花纹、经典大理石花纹或重点色斑纹。

20世纪70年代，科学家们将小型野生亚洲豹猫与短毛家猫进行杂交，企图将野猫对猫科白血病的天然免疫力引入到家庭宠物猫体内。这一实验失败了，但杂交实验繁育出的品种引起几位美国猫迷的兴趣。在一系列选择繁育计划中，人们将这些杂交品种与不同的纯种家猫再次进行杂交，其中纯种家猫包括阿比西尼亚猫（见83~85页）、孟买猫（见36、37页）、英国短毛猫（见68~77页）和埃及猫（见80、81页），最后的成果就是孟加拉猫，最初称为小豹猫，在20世纪80年代被正式认可为新品种。

华丽的花纹被毛加上健壮的大型躯干，孟加拉猫似乎是居室进入丛林时代的象征。尽管有着凶猛的祖先，但它对人类非常安全而有爱心。孟加拉猫精力充裕，最适合有经验的主人。它性情友好，总想成为家庭的中心，需要主人经常陪伴、充分活动和精神激励。感觉乏味的孟加拉猫会沮丧，甚至可能具有破坏性。

经典雪花大理石斑纹

孟加拉猫柔软的短被毛或有斑点花纹，或有醒目的大理石涡纹（见下图）。它的雪花色被毛通常表明缅甸猫或暹罗猫血缘基因。

卡纳尼猫（KANAANI）

这一稀有的品种看似一只野生沙漠猫咪，但却有着友爱的天性

原产地	以色列
初始繁育时间	2000—2009年
注册机构	无
体重范围	5~9千克
梳理要求	每周1次

毛色和花纹
斑点和大理石斑纹，配各种被毛底色。

卡纳尼猫与非洲斑点野猫很近似，其稀有的数量使得许多权威机构都不愿接受它为独立品种。直到2010年，人们才利用都带有斑点被毛的非洲野猫、孟加拉猫（见94、95页）和东方短毛猫（见43~51页）来异型杂交出卡纳尼猫，这之后的幼猫繁育都规定必须使用卡纳尼种猫。这种猫咪体形较大却很苗条，长有长长的四肢和颈部，是很引人注目的稀有品种。卡纳尼猫性格友爱温柔，同时保留了其野生祖先的独立性格，它还是优秀的猎手。

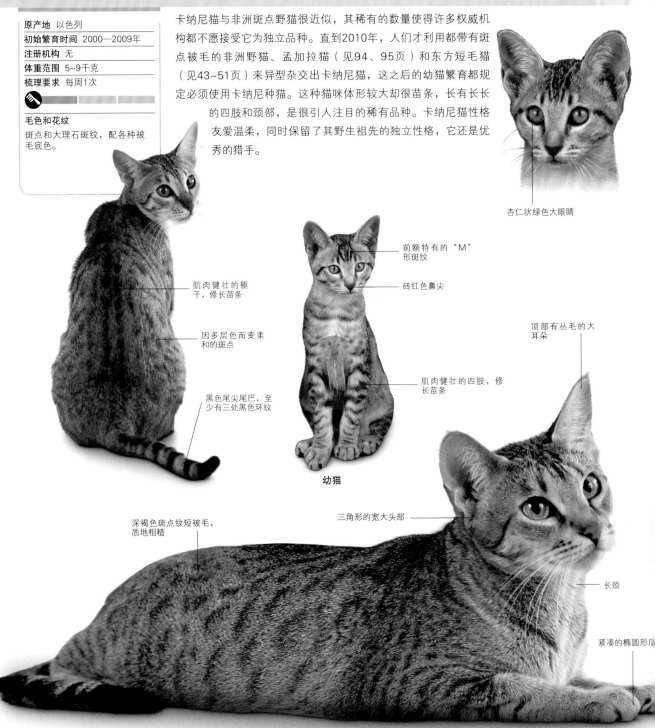

杏仁状绿色大眼睛

肌肉健壮的躯干，修长苗条

因多层色而变柔和的斑点

黑色尾尖尾巴，至少有三处黑色环纹

前额特有的"M"形斑纹

砖红色鼻尖

肌肉健壮的四肢，修长苗条

幼猫

顶部有丛毛的大耳朵

深褐色斑点纹短被毛，质地粗糙

三角形的宽大头部

长颈

紧凑的椭圆形儿

萨凡纳猫（SAVANNAH）

萨凡纳猫身形高而优雅，容貌非常独特

原产地	美国
初始繁育时间	20世纪80年代
注册机构	TICA
体重范围	5.5~10千克
梳理要求	每周1次

毛色和花纹

棕色斑点纹、带银色斑点的黑色斑纹、黑色或黑烟色。黑色或黑烟色被毛上可见"幽灵"斑点。

作为最新的猫咪品种之一，萨凡纳猫在2012年才被正式认可。它源于雄性薮猫（非洲平原的一种野猫）和雌性家猫的偶然交配。萨凡纳猫继承了许多薮猫的生理特征，包括斑点被毛、长腿和硕大的立耳，但它最以个性出名。这一好动而且爱冒险的猫咪似乎永远在寻找娱乐活动，如戏水、开门或扒弄衣橱里的物件。它生性挑剔，不适合养猫新手。

眉毛略微盖住眼睛

长长的颈部

平行的条状斑纹，从头顶顺躯干延伸

运动型的躯干，修长苗条

耳根在头顶的硕大立耳

与躯干相比较小的三角形头部

贴顺的棕色斑点纹被毛，质地略显粗糙，斑点处触摸较柔软

肌肉发达的长长的四肢

四肢和爪子上有小斑点

塞伦盖蒂猫（SERENGETI）

·这种猫咪身材高而优雅，有着温柔而外向的天性

原产地	美国
初始繁育时间	20世纪90年代
注册机构	TICA
体重范围	3.5~7千克
梳理要求	每周1次

毛色和花纹

黑色单色；带任何棕色或银色（带黑色斑点的银底色）阴影色的斑点纹；黑烟色。

塞伦盖蒂猫繁育于20世纪90年代中期的美国加利福尼亚州，是专门为仿制薮猫（非洲草原上的一种小型长腿野猫）特征的培育后代，当前在欧洲和澳大利亚也为人们知晓。作为孟加拉猫（见94、95页）和东方短毛猫（见43~51页）的杂交后代，塞伦盖蒂猫在其他猫种当中以其修长的颈部、四肢和挺立的站姿而显得突出醒目，最显眼的是它那硕大的耳朵，与头部长度相当。这种身体灵活的猫咪喜欢攀爬和探索高处，与主人关系紧密，是喜爱宅在家中的人士的理想伴侣。

圆圆的大眼睛

饱满的胡须垫

头部长度大于宽度

硕大的宽耳根耳朵，耳端圆

精细厚密的银色斑点纹被毛

健壮而瘦长的躯干

分布间距宽的醒目斑点

与躯干比例匀称的长颈

很长的四肢

黑色尾尖

非洲狮子猫（CHAUSIE）

这种体形修长、行动诡秘的猫咪有着超凡的魅力和气质

原产地	美国
初始繁育时间	20世纪90年代
注册机构	TICA
体重范围	5.5~10千克
梳理要求	每周1次

毛色和花纹
棕色和灰黑色被毛，黑色单色和多层色斑纹。

尽管野生丛林猫和家猫在过去可能甚至实际上已经交配繁殖过，但非洲狮子猫是在20世纪90年代才开始杂交培育的。最初，人们将丛林猫与各类猫种杂交，但今天为了保持体形和被毛颜色的一致性，人们只用阿比西尼亚猫（见83~85页）和某些短毛家猫品种来杂交繁育非洲狮子猫。像其他杂交猫品种一样，非洲狮子猫非常聪明活跃，喜欢探索事物，好奇心无穷，会很快熟练地打开柜门并窥探衣橱。它需要一位能长时间陪伴其身旁的有经验的主人。

眼睛向耳朵外缘倾斜

长而高的颧骨

圆耳端耳朵

与体形相比较小的圆形爪

长头，侧面轮廓倾斜

耳根位于头顶而且耳距很短的高耸耳朵

瘦长、肌肉发达的大型躯干

棕色多层色被毛

鼻口部胡须垫丰满

尾根有横斑纹，尾尖黑色

长四肢的外侧有淡色横纹

健康繁育
在麦肯奇猫的繁育计划中，人们将短毛家猫和长毛家猫进行异型杂交，这有助于保持该品种基因库的健康，但令纯种麦肯奇猫的繁育更为困难。

麦肯奇猫（MUNCHKIN）

这种短腿的猫咪友好而温柔，非常喜欢交际

原产地	美国
初始繁育时间	20世纪80年代
注册机构	TICA
体重范围	2.5~4千克
梳理要求	每周1次

毛色和花纹
所有毛色、阴影色和花纹。

最早一批麦肯奇猫繁育于美国路易斯安那州，尽管其短毛和长毛品种（见181页）在美国有一定知名度，但许多国际猫种注册机构并不予接受。偶然的基因突变造成麦肯奇猫四肢很短，但不影响它的速度和寿命。这种小猫咪活泼好动，可能没有它那高一些的表亲的跳跃能力，但也能爬上家具。麦肯奇猫一直被用于繁育其他如明斯基猫（Minskin）一类的短腿猫。

前额扁平

界线清晰的高颧骨

圆圆的楔形头部

浅鼻止

位于头顶的宽耳根耳朵

带白色斑纹的黑色被毛

圆爪子

相当厚密的防风雨淡紫色被毛

尾巴长度与躯干一样

饱满的胸部

四肢只有其他品种平均长度的一半

金佳罗猫（KINKALOW）

这种稀有的新品种猫咪聪明而活泼

原产地	美国
初始繁育时间	20世纪90年代
注册机构	TICA
体重范围	2.5~4千克
梳理要求	每周1次

毛色和花纹

许多毛色和花纹，包括斑纹和玳瑁色。

金佳罗猫是20世纪90年代人们利用麦肯奇猫（见100、101页）和美国卷耳猫（见109页）刻意杂交出的侏儒猫品种。这种仍处于实验繁育阶段的品种的理想形态应该具有麦肯奇猫的紧凑身材和超短肢体，再加上美国卷耳猫的卷耳。并非所有的金佳罗幼猫都继承了这些极端特征，有些幼猫由于基因突变而具有正常长度的四肢和直耳。金佳罗猫的繁育和品种标准建立计划正在进行中。迄今为止，这种迷你型猫咪看来并不受短腿的影响，还能免除一些特定健康问题的困扰。

粉红色鼻尖

柔顺光滑的黑色被毛

继承自美国卷耳猫的后卷耳朵

红色和黑玳瑁色丝滑被毛

短而紧凑的躯干，给人以厚重感

与躯干相比较长的尾巴

白色胸部

前肢尤其短

斯库卡姆猫（SKOOKUM）

尽管是最小型的猫咪品种之一，该猫却总是信心满满

原产地	美国
初始繁育时间	20世纪90年代
注册机构	无
体重范围	2.5~4千克
梳理要求	每周1次

毛色和花纹
所有毛色和花纹。

作为麦肯奇猫（见100、101页）和拉波猫（见123页）的杂交后代，斯库卡姆猫继承了两个鲜明的特征：非常短的四肢；或短或长的丰密被毛，柔软卷曲而不贴身，一般不易打结，梳理方便。斯库卡姆猫最初在美国，继而在英国、澳大利亚和新西兰进行繁育，培育历史已有相当长时间，但其数量还很稀少，还未能获得广泛认可。斯库卡姆猫活泼好动，能像长腿猫咪一样敏捷地奔跑、跳跃。

很宽的耳根

相对头部较大的
胡桃状眼睛

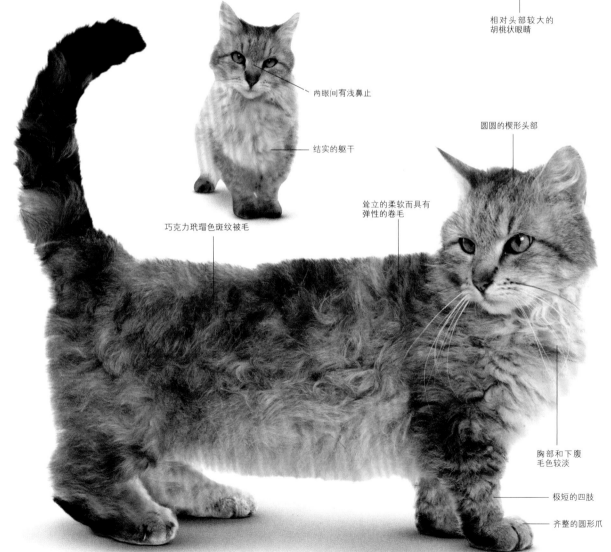

内眼间有浅鼻止

结实的躯干

圆圆的楔形头部

耸立的柔软而具有
弹性的卷毛

巧克力玳瑁色斑纹被毛

胸部和下腹
毛色较淡

极短的四肢

齐整的圆形爪

羊羔猫（LAMBKIN DWARF）

尽管四肢很短，这种温柔而易于喂养的猫咪却很活跃

原产地	美国
初始繁育时间	20世纪80年代
注册机构	TICA
体重范围	2~4千克
梳理要求	每周2~3次

毛色和花纹

所有毛色、阴影色和花纹。

这种鲜为人知的猫咪是短腿麦肯奇猫（见100、101页）和塞尔凯克卷毛猫（见124、125页）杂交出的侏儒猫品种，有时被称为那尼尔斯（意为"侏儒"）卷毛猫（Nanus Rex）。仍处在实验繁育阶段的羊羔猫因为很难培育出标准类型而数量稀少。

在一窝幼猫中，一些幼猫可能同时继承两种突变基因（一个传递短腿基因，另一个传递卷被毛基因），而其他幼猫则可能呈现短腿直毛、长腿直毛或长腿卷毛等特征。这种猫咪以具备卷毛猫的温顺和麦肯奇猫的些许顽皮而知名。

粉红色鼻尖

质地柔顺的被毛

很长的尾巴

白色尾尖尾巴

尖耳

蓝奶油玳瑁色和白色被毛显得粗浓

后肢长于前肢

与腿部相比躯干较长

巴比诺猫（BAMBINO）

趣味十足的巴比诺猫有着友爱而顽皮的性格

原产地	美国
初始繁育时间	2000—2009年
注册机构	TICA
体重范围	2~4千克
梳理要求	每周2~3次

毛色和花纹
所有毛色、阴影色和花纹。

这种在21世纪实验繁育的侏儒猫是所有专门繁育的猫种里最独特的一类。作为麦肯奇猫（见100、101页）和无毛斯芬克斯猫（见118、119页）的杂交后代，巴比诺猫有着非常短的四肢和皱纹密布的皮肤，尽管长着桃子表皮绒毛般的精细被毛，但看起来近乎无毛。巴比诺猫看似娇弱，其实健壮而好动，肌肉结实，骨骼强健，不过缺少厚被毛意味着巴比诺猫经不起强烈的阳光暴晒和很低的气温，必须养为室内宠物。巴比诺猫的被毛护理应该包括定期洗浴，以防止自然产生的皮肤油脂积聚成垢。

圆圆的大眼睛

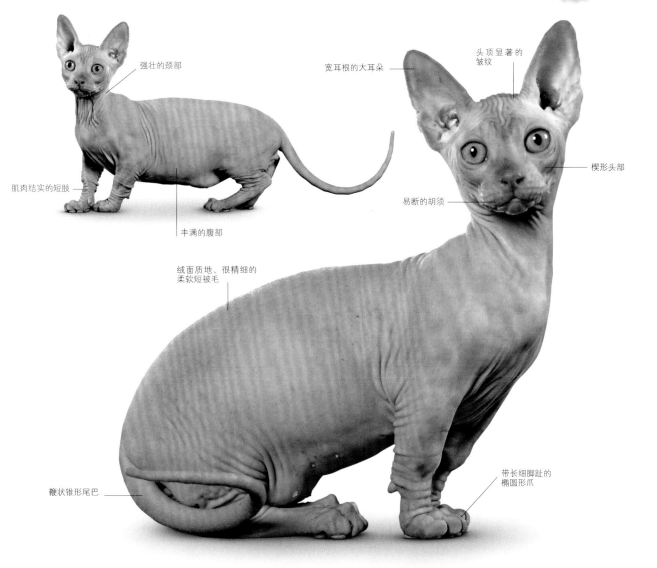

强壮的颈部

肌肉结实的短肢

丰满的腹部

宽耳根的大耳朵

头顶显著的皱纹

楔形头部

易断的胡须

绒面质地、很精细的柔软短被毛

鞭状锥形尾巴

带长细脚趾的椭圆形爪

独有的向前下方折
起的耳朵

圆圆的金色大眼睛

短而宽的、略
弯曲的鼻子

耸立的厚密
蓝色短被毛

短脖颈

厚实的圆形躯干

齐整的圆爪子

相当长的尾巴逐
渐变细，尾尖圆

苏格兰折耳猫（SCOTTISH FOLD）

长有独特折耳的安静伴侣猫

原产地	英国/美国
初始繁育时间	20世纪60年代
注册机构	CFA，TICA
体重范围	2.5~6千克
梳理要求	每周1次

毛色和花纹
大多数毛色、阴影色和花纹，
包括重点色、斑纹和玳瑁色。

由于罕见的基因突变，这种猫咪的耳朵向前折起，像是戴在头上的帽子，从而造成独一无二的圆头形。第一只被发现的苏格兰折耳猫是一只全身白色的长毛雌猫，出生于20世纪60年代的一家苏格兰农场，人们把它叫作苏茜。起初，苏茜和它生下的折耳幼猫宝宝只吸引了当地人的注意，后来基因学家发现了这一现象，将苏茜的一些后代带到了美国并建立了品种繁育标准。人们让折耳猫和英国短毛猫（见68~77页）、美国短毛猫（见61页）进行杂交，在培育苏格兰折耳猫的过程中也繁育出了一个长被毛品种（见183页）。

苏格兰折耳猫需要非常精心的繁育，从而避免某些与生成折耳的基因相关的骨骼问题，这些问题使苏格兰折耳猫不能满足全部权威注册机构的要求。苏格兰折耳猫出生时总是长着直

耳，但幼猫携带有折耳基因，在大约3周龄时耳朵开始向前平伸。一直保持直耳的叫作苏格兰直耳猫（见下图）。苏格兰折耳猫还是罕见品种，更可能多见于秀展，而非养作家猫。但它生性忠诚，很容易成为任何类型家庭的宠物，是安静而友爱的伴侣。

苏格兰直耳猫

除了直立耳，苏格兰直耳猫与苏格兰折耳猫完全是一个模样。苏格兰直耳猫被禁止参赛，但人们希望在未来它能被认可为独立品种。

高地猫（HIGHLANDER）

这种活泼好动的猫咪能提供充分的家庭娱乐活动

原产地	北美
初始繁育时间	2000—2009年
注册机构	TICA
体重范围	4.5~11千克
梳理要求	每周1次

毛色和花纹
带任何斑纹的所有毛色，包括重点色。

这一新近培育的品种还有长毛变种（见186、187页），数量仍非常稀少。高地猫容貌独特，大型躯干，短尾和厚被毛，最显眼的是它那卷曲的大耳朵，常常长有厚厚的丛毛，增添了野性气质。尽管还不太流行，但作为具备特殊个性、讨人喜欢的家猫，高地猫逐渐开始获得人们的认可。它愿意热爱所有人，是忠实的伴侣，有着无法抑制的幽默感，总喜欢玩耍，被认为容易训练。

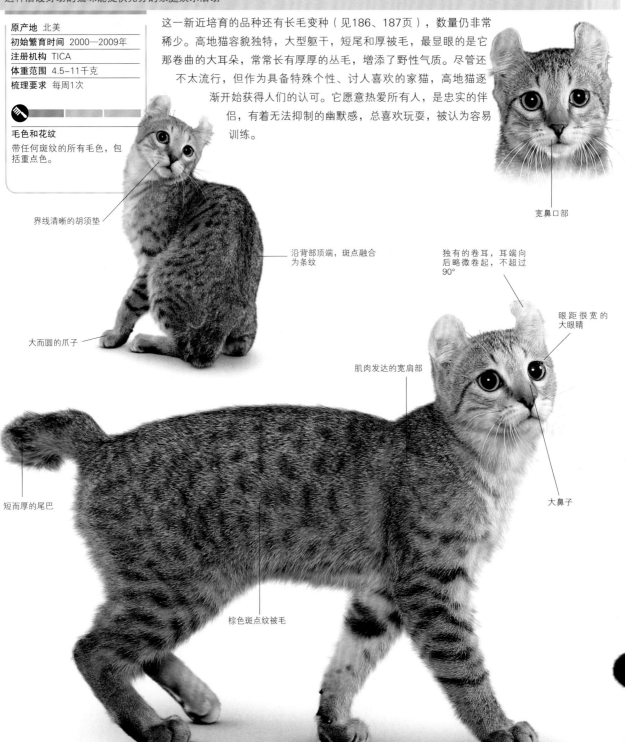

界线清晰的胡须垫

宽鼻口部

沿背部顶端，斑点融合为条纹

独有的卷耳，耳端向后略微卷起，不超过90°

眼距很宽的大眼睛

大而圆的爪子

肌肉发达的宽肩部

短而厚的尾巴

大鼻子

棕色斑点纹被毛

美国卷耳猫（AMERICAN CURL）

优雅而迷人的猫咪，也是富有爱心的伴侣

原产地	美国
初始繁育时间	20世纪80年代
注册机构	CFA，FIFe，TICA
体重范围	3~5千克
梳理要求	每周1次

毛色和花纹
所有毛色、阴影色和花纹。

最初一批美国卷耳猫是长毛品种（见184、185页），很像人们使用的雌性种猫（在美国加利福尼亚州被发现并利用）。后来培育出的短毛美国卷耳猫除了被毛不同，其他方面完全与长毛品种一样。美国卷耳猫匀称优雅的体形和大大的眼睛使其非常吸引人们的眼球；在出生1周内显现的卷耳，尽管完全是天然的基因突变现象，也增添了一抹雅致和时尚。以温柔性格著称的美国卷耳猫与家人关系密切，总是关注着家中发生的一切。

楔形头部

显著的胡须垫

贴身的丝滑短被毛，带棕色斑点纹

耳朵向后平缓卷起，至少超过90°

闪亮的大眼睛

肌肉适度发达的长方形躯干

灵活的宽尾根尾巴

圆形爪

日本短尾猫（JAPANESE BOBTAIL）

富有魅力、嗓音甜美的猫咪，生有独一无二的绒球短尾

原产地	日本
初始繁育时间	17世纪
注册机构	CFA, TICA
体重范围	2.5~4千克
梳理要求	每周1次

毛色和花纹

所有毛色和花纹，包括玳瑁色、双色和斑纹（除多层色外）。

在原产地日本，这种猫咪据说能带来好运，因而成为陶器装饰的流行主题。日本短尾猫在20世纪60年代被一位美国爱猫人士发现，并带往美国一批种猫开始繁育计划。这个短毛猫品种在20世纪70年代晚期获得认可，人们在10余年后培育出长毛品种（见188页）。日本短尾猫性情外向而聪慧，体形匀称美丽而富有吸引力。它的叫声有乐感魅力，深爱它的主人喜欢说猫咪在同他们谈话或歌唱。

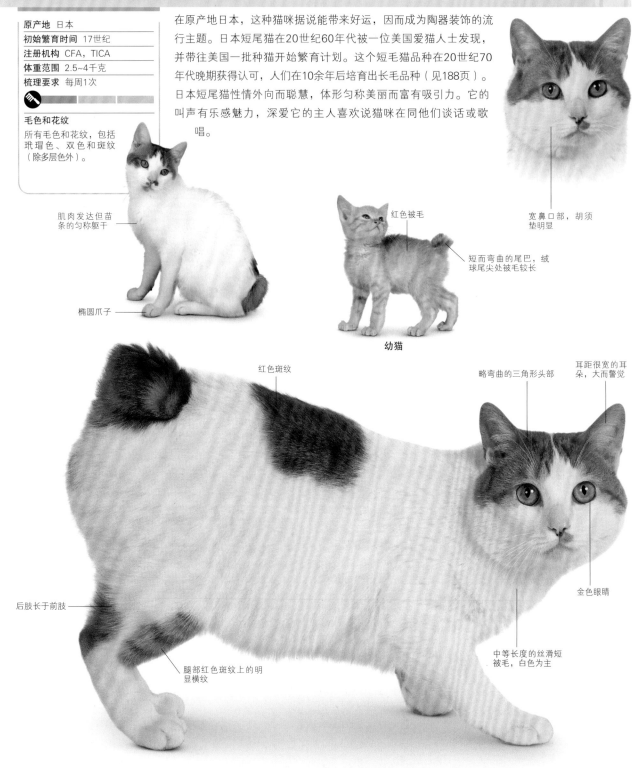

宽鼻口部，胡须垫明显

肌肉发达但苗条的匀称躯干

椭圆爪子

红色被毛

短而弯曲的尾巴，绒球尾尖处被毛较长

幼猫

红色斑纹

略弯曲的三角形头部

耳距很宽的耳朵，大而警觉

金色眼睛

后肢长于前肢

腿部红色斑纹上的明显横纹

中等长度的丝滑短被毛，白色为主

千岛短尾猫（KURILIAN BOBTAIL）

这一四肢发达的健壮猫咪生有弯曲突兀的短尾

原产地	北太平洋的千岛群岛
初始繁育时间	20世纪
注册机构	FIFe，TICA
体重范围	3~4.5千克
梳理要求	每周1次

毛色和花纹

大多数单色和阴影色，双色、玳瑁和斑纹（除多层色外）花纹。

千岛短尾猫原产于千岛群岛（北太平洋和西伯利亚边缘鄂霍次克海之间的岛链），20世纪在俄罗斯大陆先是作为家猫开始流行。自20世纪90年代以来，其长毛品种（见189页）和短毛品种也一直定期出现在俄罗斯的猫咪秀展上，但在其他地区鲜为人知。千岛短尾猫那令人诧异的尾巴是天然的基因突变现象，每只猫的尾巴都不尽相同，总有许多结节，可能卷曲或向任何方向弯曲。这种猫咪悠闲而爱好交际，人们说它是卓越的捕鼠能手。

略有角度的大眼睛

宽而直的鼻子

短而打结的尾巴，至少两节椎骨长

三角形耳朵，向前略微倾斜

贴身的鲭鱼斑纹被毛，里层被毛很少

肌肉发达的紧凑身躯

略圆的宽下颌

密骨结构的健壮四肢

发育良好的腿股

湄公短尾猫 （MEKONG BOBTAIL）

这种鲜为人知的猫咪有着引人注目的暹罗猫重点色被毛

原产地	东南亚
初始繁育时间	20世纪之前
注册机构	其他
体重范围	3.5~6千克
梳理要求	每周1次

毛色和花纹

暹罗猫（见54~57页）的重点色。

湄公短尾猫在东南亚的广阔地带天然生存，以流经中国、老挝、柬埔寨和越南的湄公河而命名。湄公短尾猫在俄罗斯作为实验性品种而繁育，自从2004年起被一些权威机构所认可，但在世界范围内并不十分出名。这种猫咪体格健壮，有着闪亮的蓝眼睛和暹罗猫的重点色被毛。它活跃而敏捷，擅长跳跃和攀爬，人们认为它是有着友好和健全性格的安静型猫咪。

突出的颧骨

短而浓密的被毛，里层被毛很少

中等大小的宽耳根耳朵

明亮的杏仁状蓝色大眼睛

中等大小的长方形健壮躯干

短而打结的尾巴

与躯干相比修长的四肢

带巧克力色重点色的奶油色被毛

后肢长于前肢

椭圆形爪

美国短尾猫（AMERICAN BOBTAIL）

该猫体形大而美丽，是适应性很强的优秀伴侣

原产地	美国
初始繁育时间	20世纪60年代
注册机构	CFA，TICA
体重范围	3~7千克
梳理要求	每周1次

毛色和花纹

所有毛色、阴影色和花纹，包括玳瑁色、斑纹和重点色。

自20世纪中叶以来，有数例美国本土短尾家猫的繁育报告，但只有美国短尾猫获得完全认可。美国短尾猫还有长毛品种（见193页），二者都具有天生短尾，故而得名。这种猫咪体格健硕，肌肉发达，骨骼粗大。它聪明警觉，活跃有度，也喜欢安静时光。美国短尾猫喜欢与人相处，不过分寻求关注，很适宜任何类型的家庭。

楔形宽头部

鼻口部宽度略大于长度

很大的胡须垫

中等厚度、中短长度的被毛，里层被毛柔软

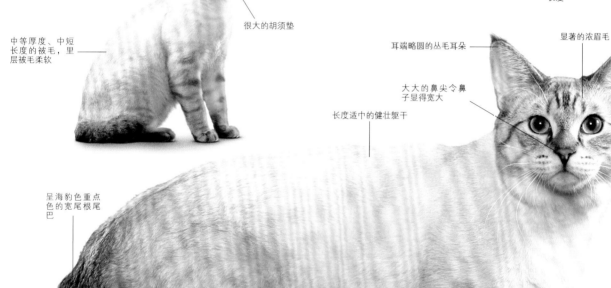

耳端略圆的丛毛耳朵

显著的浓眉毛

大大的鼻尖令鼻子显得宽大

长度适中的健壮躯干

呈海豹色重点色的宽尾根尾巴

深侧腹

腿部有斑纹

圆形大爪子

尾巴类型
根据尾部长度,曼岛猫可分为无尾型、
短尾型(尾巴有1~3节椎骨长)和长尾型
(正常猫咪尾巴的长度)。

曼岛猫（MANX）

最知名的短尾猫品种，因其安静性格的魅力而备受人们欢迎

原产地	英国
初始繁育时间	18世纪之前
注册机构	CFA，FIFe，GCCF，TICA
体重范围	3.5~5.5千克
梳理要求	每周1次

毛色和花纹
所有毛色、阴影色和花纹，包括玳瑁色和斑纹。

很少有猫种像曼岛猫一样拥有如此众多的起源传说。在更离奇的故事中，人们认为它在诺亚方舟上的一次意外中失去了尾巴。现实中，曼岛猫起源于爱尔兰海域的曼岛，自然的基因突变导致它尾部的缺失。曼岛猫和它闻名于世的长毛亲属——威尔士无尾猫（见192页），自20世纪早期以来引起猫迷们的兴趣。这种猫咪的繁育需精心控制，以避免有时与无尾猫相关联的脊柱问题。曼岛猫性格安静温柔，可以训练其玩"取物"游戏或戴牵绳散步。

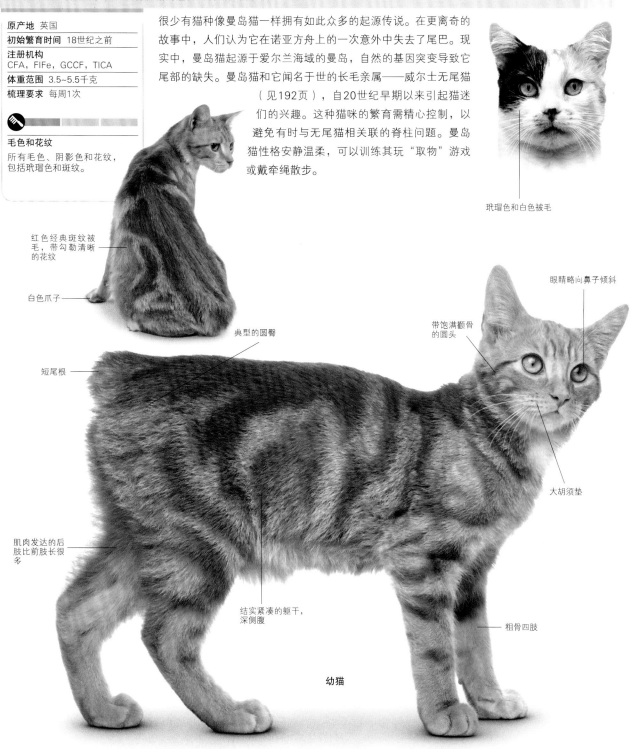

玳瑁色和白色被毛

红色经典斑纹被毛，带勾勒清晰的花纹

白色爪子

典型的圆臀

眼睛略向鼻子倾斜

带饱满颧骨的圆头

短尾根

大胡须垫

肌肉发达的后肢比前肢长很多

结实紧凑的躯干，深侧腹

粗骨四肢

幼猫

北美短尾猫（PIXIEBOB）

这种壮硕的猫咪看似凶猛，其实性格很温顺

原产地	美国
初始繁育时间	20世纪80年代
注册机构	TICA
体重范围	4~8千克
梳理要求	每周1次

毛色和花纹

仅限棕色斑点纹。

像山林短尾猫一样，北美短尾猫有着厚厚的被毛、丛毛耳朵和尖脸，健壮的身躯跑动起来四肢舒展优雅。这种猫咪的一个常见特征是一只或两只爪子上的多余脚趾（多趾症），此特征被接纳为繁育标准。短毛北美短尾猫和其长毛变种（见190、191页）都生长着颜色浓重的斑点纹被毛，看似野猫一般。除了外表，北美短尾猫完全是家猫的性格，它热爱家庭生活，与主人缠绵，爱与孩子嬉戏，能友好地接纳其他宠物。

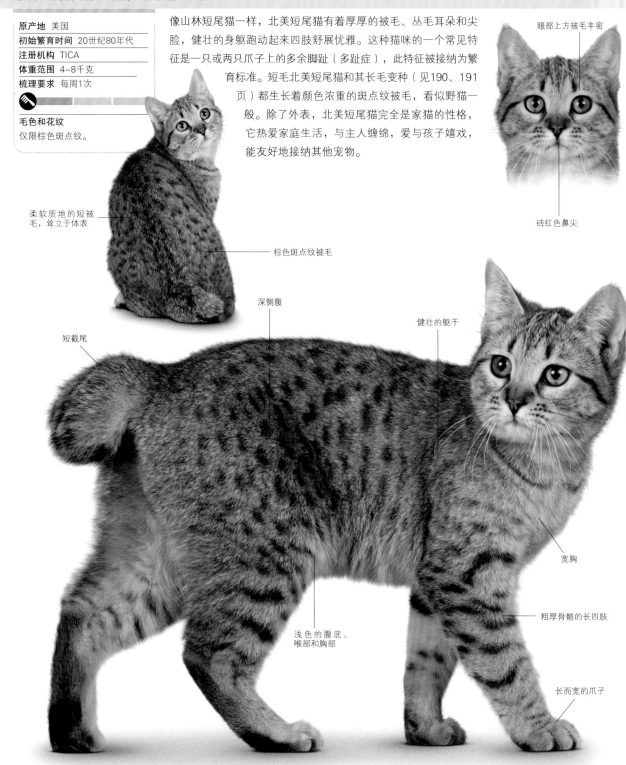

眼部上方被毛丰密

砖红色鼻尖

柔软质地的短被毛，耸立于体表

棕色斑点纹被毛

深侧腹

健壮的躯干

短截尾

宽胸

浅色的腹底、喉部和胸部

粗厚骨骼的长四肢

长而宽的爪子

美国卷尾猫（AMERICAN RINGTAIL）

体格健美、被毛奢华的猫咪，尾部卷曲

原产地	美国
初始繁育时间	20世纪90年代
注册机构	CFA，TICA
体重范围	3~7千克
梳理要求	每周1次

毛色和花纹

所有毛色、阴影色和花纹。

美国卷尾猫是人们在美国加利福尼亚州偶然发现的，它有着独一无二的、在背部或侧腹灵活卷曲的尾巴。迄今美国卷尾猫的繁育引入了东方短毛猫的基因。这种猫咪还有长毛品种，总体数量仍然稀少，但已经逐渐引起繁育者们的兴趣。美国卷尾猫喜欢游戏和攀爬，探究一切吸引其强烈好奇心的事物。它那柔和颤动的叫声赋予其最初的名字——"唱啊唱"卷尾猫（Ringtail Sing-a-Ling）。

杏仁状大眼睛

软密的棕色经典斑纹被毛，质地奢华

在背部灵活卷曲的环状尾

健壮灵活的长躯十

楔形宽头部

深口杯状耳朵

强壮的后躯

中等长度的方形鼻口部

后肢略长于前肢

胸部和颊部有白色斑纹

白色椭圆形大爪子

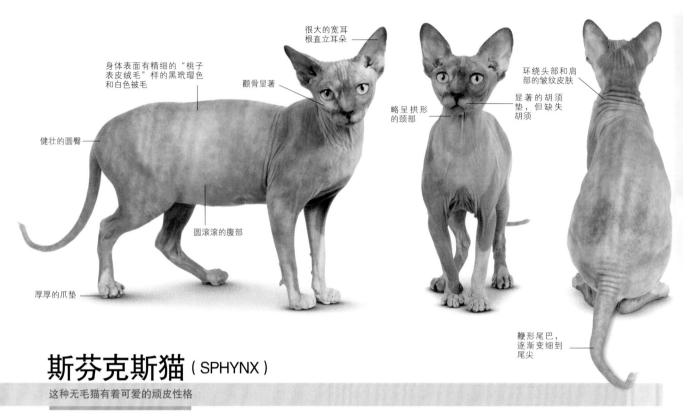

很大的宽耳根直立耳朵

身体表面有精细的"桃子表皮绒毛"样的黑玳瑁色和白色被毛

颧骨显著

环绕头部和肩部的皱纹皮肤

略呈拱形的颈部

显著的胡须垫，但缺失胡须

健壮的圆臀

圆滚滚的腹部

厚厚的爪垫

鞭形尾巴，逐渐变细到尾尖

斯芬克斯猫（SPHYNX）

这种无毛猫有着可爱的顽皮性格

原产地	加拿大
初始繁育时间	20世纪60年代
注册机构	
CFA，FIFe，GCCF，TICA	
体重范围	3.5~7千克
梳理要求	每周2~3次

毛色和花纹
所有毛色、阴影色和花纹。

斯芬克斯猫源于加拿大，可能是无毛猫中最著名的品种，因其与古埃及神话形象斯芬克斯的雕塑神似而得名，自然基因突变导致其无毛外观。人们对它的繁育兴趣来自1966年加拿大安大略省的一只短毛农场猫生下的一只雄性无毛幼猫，这只幼猫和随后10年里繁育的幼猫被用作种猫。

尽管无毛现象常常伴随其他基因突变，但人们在斯芬克斯猫的繁育中精心选择，包括与德文卷毛猫（见128、129页）和柯尼斯卷毛猫（见127页）进行异型杂交，从而保证了斯芬克斯猫相对来说不易罹患基因疾病。斯芬克斯猫并非完全裸露无毛——大多数个体在体表有一层绒面质地的精细被毛，在头部、尾部和爪部也通常有一些绒毛。斯芬克斯猫无可争议的奇特外观、大大的耳朵、皱巴巴的皮肤和圆滚滚的腹部，虽然没有吸引住所有猫迷，但其令人愉悦的社交能力和亲和力，的确让一些人转变兴趣而开始喂养斯芬克斯猫。这种猫咪容易与人相处，但需要在室内喂养，以保护它免受极端气候的影响。缺乏正常被毛使得它分泌的过多油脂难以被吸收，所以需要定时洗浴；若幼年期养成习惯，成年斯芬克斯猫并不拒绝洗澡。

皱纹皮肤

斯芬克斯猫的皱纹皮肤并非独有，所有猫种的被毛下都有同样的皮肤。斯芬克斯幼猫全身皮肤皱起，成年猫主要在肩部和头部有皱纹皮肤。

顿斯科伊猫（DONSKOY）

这种猫咪有着梦幻世界般的外表和惹人喜爱的性情

原产地	俄罗斯
初始繁育时间	20世纪80年代
注册机构	FIFe, TICA
体重范围	3.5~7千克
梳理要求	每周2~3次

毛色和花纹

所有毛色、阴影色和花纹。

顿斯科伊猫（也称作顿河斯芬克斯猫）的奠基种猫是一只在俄罗斯罗斯托夫城街道上被解救的受人虐待的幼猫，这只流浪猫在成年时失去了正常的被毛，它所产下的幼猫也有着同样的基因突变。顿斯科伊猫品种有不同种类被毛的变异个体：有些完全无毛，而另外一些有部分柔软或卷曲的被毛。奇特的是，无毛品种在冬天里能生长出短暂的皮毛斑纹。皱巴巴的皮肤和硕大的耳朵使得顿斯科伊猫并不吸引大众，但它的粉丝赞誉其有温柔和活泼机智的个性以及很好的社交能力。这种猫咪的被毛梳理包括定时洗浴，以清除多余的皮肤油脂。

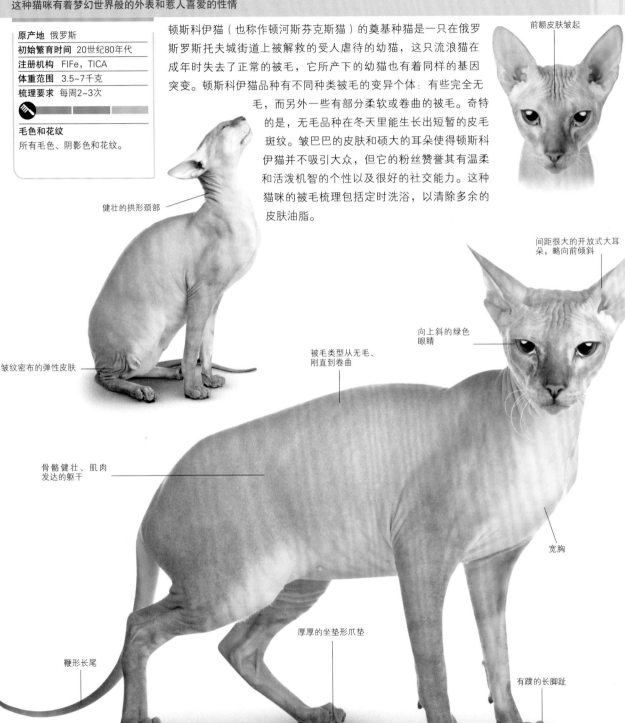

前额皮肤皱起

健壮的拱形颈部

皱纹密布的弹性皮肤

间距很大的开放式大耳朵，略向前倾斜

向上斜的绿色眼睛

被毛类型从无毛、刚直到卷曲

骨骼健壮、肌肉发达的躯干

宽胸

鞭形长尾

厚厚的坐垫形爪垫

有蹼的长脚趾

彼得无毛猫（PETERBALD）

体态优雅而被毛类型多样的猫咪

原产地	俄罗斯
初始繁育时间	20世纪90年代
注册机构	FIFe，TICA
体重范围	3.5~7千克
梳理要求	每周2~3次

毛色和花纹
所有毛色、阴影色和花纹。

彼得无毛猫起源于俄罗斯，是东方短毛猫（见43~51页）和顿斯科伊猫（见120页）杂交培育出的较新品种。彼得无毛猫个体形态多变，有完全无毛型（体表其实有一层精细的柔软绒毛）和有着刷子般质地被毛的厚密刚被毛型。有被毛的彼得无毛幼猫在成熟时会变得无毛，有时保留一层绒细被毛。这种猫咪性格令人愉悦，是不错的家猫。无毛或薄被毛彼得无毛猫从早期就应注意保护，最好养在室内。无毛类型的猫咪皮肤摸起来有油腻感，需要定时洗澡。

钝形鼻口部

优雅坚实的躯干

细密骨骼的长四肢

三角形长头部，颧骨高

宽耳根的外展型大耳朵

从扁平前额处延伸的直鼻

胡须缠结、断开

鞭形长尾

椭圆形爪，脚趾长而灵活

乌拉尔卷毛猫（URAL REX）

这种外观奇特的卷毛猫品种还不太为人所知

原产地	俄罗斯
初始繁育时间	20世纪80年代
注册机构	其他
体重范围	3.5~7千克
梳理要求	每周2~3次

毛色和花纹
各种毛色和花纹，包括斑纹。

最早一批乌拉尔卷毛猫诞生在俄罗斯叶卡捷琳堡市，这是俄罗斯在乌拉尔山脉脚下的一个主要城市。经过30余年的精心繁育，乌拉尔卷毛猫在俄罗斯猫迷中非常受欢迎，现在也开始在德国繁育。这一猫种精细浓密的双层被毛可能为短或半长被毛，独特的卷曲而具有弹性的贴身被毛需要两年时间才能完全长齐。乌拉尔卷毛猫的被毛梳理容易，但要定时梳理。人们描述它为性格安静而温柔的猫咪，能成为优秀的家庭伴侣。

位于头部高处的直立耳朵

颧骨突出

间距很宽的椭圆形大眼睛

健壮而苗条、相对较短的躯干

宽而平的前额

楔形短头部

精细丝滑的黑烟色贴身被毛，松散打结

白色胸部、腹部和四肢

粗细适中的中等长度尾巴

修长四肢，小型爪子

拉波猫（LAPERM）

聪明而好奇的猫咪，一直到成年还是顽皮好动

原产地	美国
初始繁育时间	20世纪80年代
注册机构	CFA，GCCF，TICA
体重范围	3.5~5.5千克
梳理要求	每周2~3次

毛色和花纹
所有毛色、阴影色和花纹，包括重点色。

这种卷毛猫咪起源于美国俄勒冈州的一家农场，后来培育出短毛和长毛（见196、197页）两个品种。拉波猫的被毛呈波状或卷曲，质地光亮而富有弹性，抚弄起来非常舒适。拉波猫性格外向，总是大胆寻求关注，是活泼可爱的宠物，很容易适应各类家庭。它与主人关系亲密，需要经常陪伴而不能长时间单独留置。建议轻柔地梳理拉波猫的被毛，偶尔用香波洗浴并用毛巾擦干，这是护理其被毛的最佳方式。

表情丰富的金色大眼睛

很长的卷曲胡须

楔形略圆的头部

头部明显的斑纹

中等长度的健壮躯干

长而宽大的鼻子

结实的下颌

耸立卷曲的红色斑纹被毛，富有弹性

幼猫

卷曲被毛掩盖的红色斑纹

圆形爪

肌肉发达的长方形躯干

奢华卷曲的黑白色被毛

耳距宽的大耳根耳朵

表情温柔的大眼睛

平滑的圆头骨

卷曲易断的胡须

方形的短鼻口部

中等长度、骨骼健壮的四肢

圆形大爪子

紧靠尾巴的平顺卷毛

塞尔凯克卷毛猫 (SELKIRK REX)

猫咪中的欢乐"泰迪熊",喜欢主人长时间陪伴

原产地	美国
初始繁育时间	20世纪80年代
注册机构	CFA, TICA
体重范围	3~5千克
梳理要求	每周2~3次

毛色和花纹
所有毛色、阴影色和花纹。

这种猫咪得名于靠近其原产地的美国蒙大拿州塞尔扣克山脉,在20世纪80年代被人们繁育。塞尔凯克卷毛猫的繁育开始于一家动物救助中心,人们在一窝野猫幼崽中发现一只卷毛幼猫,而其他都为直立被毛。这只卷毛幼猫成为塞尔凯克卷毛猫的雌性奠基种猫。随着繁育的进展,人们将其与纯种猫交配繁育出短毛塞尔凯克卷毛猫和长毛塞尔凯克卷毛猫(见194页,与波斯猫的杂交后代)。两种被毛类型的幼猫中都常见到直被毛变体。

塞尔凯克卷毛猫的柔软浓密被毛常常呈现散乱的波纹状或卷曲,而非其他卷毛品种有时出现的整齐纹线,更多的被毛卷曲常出现在颈部和腹部。塞尔凯克卷毛猫的胡须稀疏卷曲,还很容易折断。它的被毛不难梳理,但最好轻柔地进行,过分用力会把卷毛拉平。

塞尔凯克卷毛猫尽管安静而坚忍,但一点也不古板,喜欢人们的拥抱。它会常年淘气十足,总是喜欢游戏。

变成卷毛

塞尔凯克卷毛猫的卷曲被毛要经历两年才能长齐。出生时带卷曲被毛的幼猫,其被毛会在数月里变平整,然后在其8月龄时再次变得卷曲。

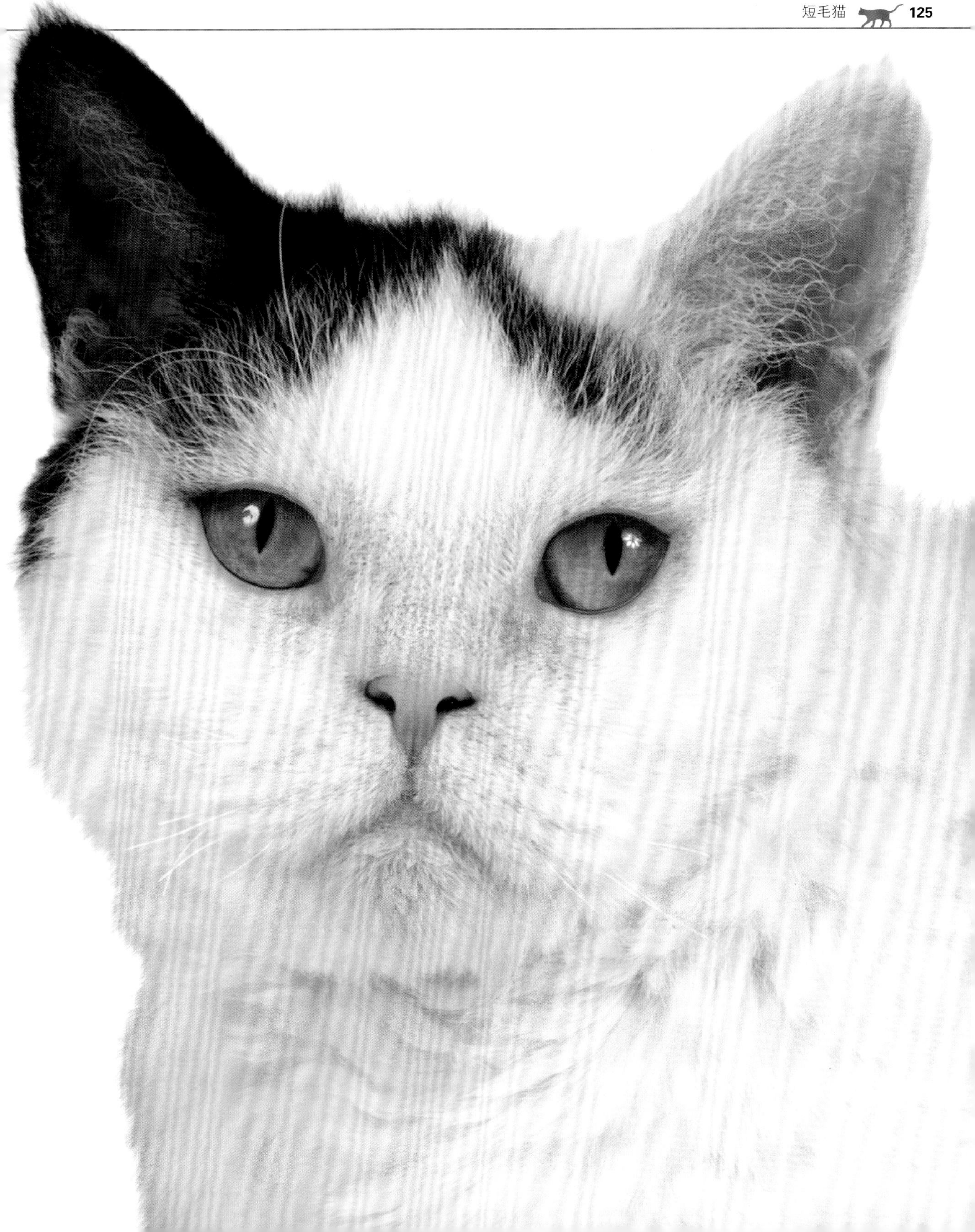

被毛长齐

所有柯尼斯卷毛猫幼猫在出生时都有卷曲被毛，但一些幼猫会在数周内失去卷曲被毛而长出临时的绒面革样的被毛。到3月龄时，卷毛应该几乎长齐。

柯尼斯卷毛猫（CORNISH REX）

这种好动的猫咪从胡须部位到尾部都有卷毛

原产地	英国
初始繁育时间	20世纪50年代
注册机构	CFA, FIFe, GCCF, TICA
体重范围	2.5~4千克
梳理要求	每周1次

毛色和花纹
所有单色、阴影色和花纹，包括斑纹、玳瑁色、重点色和双色。

这种苗条身材猫咪的奠基种猫是出生在英国康沃尔一家农舍的雄性卷毛猫，人们利用它的后代与其他品种杂交，包括暹罗猫（见54~57页）、俄罗斯蓝猫（见66、67页）、美国短毛猫（见61页）和英国短毛猫（见68~77页），从而提高柯尼斯卷毛猫的耐力、基因多样性并增加毛色范围。柯尼斯卷毛猫超级精致的卷曲被毛和流线体形使其独秀于所有猫咪品种之中。它活跃于许多滑稽娱乐节目中，对待生活态度顽皮，然而一旦游戏停止，会立刻成为可爱的膝上宠物。因为被毛单薄，柯尼斯卷毛猫不能承受极端气候，梳理时应当轻柔。在美国，人们繁育出个同的品种，头部楔形更为明显。

间距很宽的椭圆形大眼睛

精雕细琢般的高颧骨

健壮而修长的躯干

外耳没有被毛

相当小的楔形头部

短而精细的白色被毛形成统一的紧致毛卷

笔直的鼻子

细密骨骼的修长四肢

椭圆形小爪子

非常大的耳朵，耳距很宽

长长的脖颈，头部相对较小

肌肉发达的结实躯干

长长的锥形尾巴

鼻止显著

宽颧骨

短鼻口部，卷曲胡须

修长四肢，椭圆小爪子

精细卷曲的银色斑纹被毛，几乎没有卫毛

德文卷毛猫（DEVON REX）

这种爱搞恶作剧的猫咪绰号"小精灵猫"，精力无穷

原产地	英国
初始繁育时间	20世纪60年代
注册机构	CFA, FIFe, GCCF, TICA
体重范围	2.5~4千克
梳理要求	每周1次

毛色和花纹
所有毛色、阴影色和花纹。

非常特别的德文卷毛猫源于英国德文郡的巴克法斯特利（Buckfastleigh），其奠基种猫为一只卷毛野生雄猫和一只被收养的流浪玳瑁猫。这对奇特的组合生下的一窝幼猫包括一只卷毛幼猫，后来用作第一个繁育该品种的种猫。起初人们认为新的德文卷毛猫品种可以与柯尼斯卷毛猫（另一种在附近地区早几年被发现的卷曲被毛品种，见127页）进行杂交，但只生出了普通被毛的品种。人们意识到在地域如此接近的情况下出现了两种不同的隐性基因，并造成两种略有不同的卷曲被毛。

德文卷毛猫的被毛精细而且极短，几乎没有卫毛。在理想情况下，被毛上的卷曲应该松散且分布均匀，但卷曲程度因猫而异，并随季节性褪毛或成熟期而改变。德文卷毛猫的胡须卷缩、易折断，往往还未长成就脱落了。因为被毛单薄，触摸它时比其他猫咪手感更温暖，但更易受寒，而且需要避免通风过度的居室。德文卷毛猫的被毛通常只需简单擦拭就能保持良好状况，如果在幼猫期训练接触水，也能经受轻柔洗浴。

德文卷毛猫尽管身形苗条、四肢修长，但并非弱不禁风，游戏攀爬时精力无穷。它喜欢被关注，不适合主人全天出门在外的家庭。

德国卷毛猫（GERMAN REX）

这种猫咪需要有充分的"珍贵时间"与家人在一起

原产地	德国
初始繁育时间	20世纪40年代
注册机构	FIFe
体重范围	2.5~4.5千克
梳理要求	每周2~3次

毛色和花纹
所有毛色、阴影色和花纹。

德国卷毛猫的雌性奠基种猫是一只在第二次世界大战后的柏林被人收养的流浪猫。随着繁育进程的发展，德国卷毛猫被输送到欧洲其他地区和美国。德国卷毛猫的卷毛基因来自柯尼斯卷毛猫（见127页）身上的突变基因，多年来人们使用这种基因来繁育德国卷毛猫。在一些国家，德国卷毛猫和柯尼斯卷毛猫不被认可为各自独立的品种。这种猫咪性情温柔友好，愿与任何人玩耍，也喜欢依偎主人，享受安静时刻。它的短被毛不能很好地吸收皮肤自然分泌的油脂，所以需要定期洗浴。

闪亮的蓝色眼睛

短而卷曲的胡须

天鹅绒质地的卷曲短被毛

圆形爪

幼猫

宽耳根耳朵

颧骨界线清晰的圆头

奶油色被毛在部分地方被深褐色遮盖

中等长度的健壮躯干

健壮的圆胸

尾部、四肢和面部有深褐色重点色

中等长度、适度粗细的四肢

美国刚毛猫（AMERICAN WIREHAIR）

多才多艺而性情友好的猫咪，在户外和室内都很开心，喜欢各年龄段的家庭成员

原产地	美国
初始繁育时间	20世纪60年代
注册机构	CFA，TICA
体重范围	3.5~7千克
梳理要求	每周1次

毛色和花纹

各种单色、阴影色和花纹，包括双色、斑纹和玳瑁色。

1966年，人们在美国纽约州发现，两只普通被毛家猫生下的一窝幼猫中有一只刚毛猫崽，它就是美国刚毛猫的奠基种猫，后来人们也利用美国短毛猫（见61页）繁育美国刚毛猫。生成美国刚毛猫独特被毛的突变基因在美国以外还未出现过。美国刚毛猫的每根毛在发梢皱起或弯曲而形成钩状，造成粗硬而富有弹性的质地，与钢丝很相像。有些猫咪的被毛可能很脆，最好在沐浴时轻柔梳理，以避免损伤。

圆圆的铜色大眼睛

卷曲的胡须

浓密而富有弹性的棕色经典斑纹和白色被毛，毛皱起，质地粗硬

颧骨突出

肌肉发达的中等或大型躯干

从肩部到臀部的背部水平

中等大小的耳朵，圆耳端

圆臀

中等粗细骨骼的健壮四肢

结实的圆形爪

短毛家猫（HOUSECAT— SHORTHAIR）

这些吃苦耐劳的猫咪是易于喂养的优秀宠物

最早的家猫长有短被毛，这种被毛仍是今天世界上宠物家猫的主要被毛类型。随机杂交的短毛家猫品种几乎有任何可能类型的毛色花纹组合，其中斑纹、玳瑁色和传统单色最为常见。这些猫种中的大多数体形中等，选择繁育往往避开短毛家猫而培育出一些极端品种，尽管有时还存在一些家猫遗传特征，如东方短毛猫瘦长的体形。

前额典型的"M"形斑纹

红色经典斑纹和白色
图中俊美猫咪的大个头和浓密被毛来自英国或美国短毛猫的遗传基因，但它的绿色眼睛却来自另一基因。

尾巴上不规则间隔的环形纹

蓝色和白色
家猫身上的白色斑纹极少像纯种猫一样呈理想状态对称排列。带白色斑点的单色被毛总是很引人注目，随机的效果增添了个性魅力。

棕色斑纹
图中猫咪身上的断续条纹事实上介于斑点纹和鲭鱼斑纹之间。斑纹常见于家猫，尤其是短被毛品种。

黑色和红色斑纹混杂

白色和玳瑁色
玳瑁色花纹（黑白色为传统组合）见于多种毛色状态，具有超过身体部位一半以上的玳瑁白色花纹的猫咪在美国被称作卡利科猫（calico cat）。

蓝色鲭鱼斑纹和白色
尽管白色斑纹很常见，但人们有时也幸运地在随机杂交猫种身上发现蓝色斑纹。图中猫咪的蓝色斑纹与白色底色相比不太清晰。

性格最重要
在选择伴侣猫咪时，外貌无疑首先吸引人们的眼球，但大多数猫咪主人看中猫咪的个性胜过完美的毛色或品种标准的符合。

布偶猫
半长毛的布偶猫繁育于20世纪60年代，是大型纯种猫之一。这一美丽动人的猫种有数个惹人注目的类型，都有着闪亮的蓝色眼睛。

长毛猫（LONGHAIRS）

人们认为家猫的长被毛很可能是为抵御寒冷气候而产生的自然基因突变现象。这一优势基因在生活于荒凉地带如山地的猫咪身上得以相传，长毛猫数量开始增加。野生长被毛猫种很稀少，在长被毛家猫繁育历史上并未起到奠基作用。

长被毛塞尔凯克卷毛猫是很特殊的变种

长被毛类型

西欧最早见到的长毛猫出现在16世纪的某个时期，它们叫作安哥拉猫，是体形修长、被毛丝滑的土耳其猫种。安哥拉猫长期受到人们喜爱，直到19世纪被一种新型的长毛猫——波斯猫所取代。波斯猫比安哥拉猫体形健硕，被毛更加厚长，尾巴粗大，长有圆圆的脸庞，到19世纪末成为猫迷们珍爱的长毛品种。而安哥拉猫则销声匿迹，直到20世纪60年代被热心人士重新发掘（见159页）。

波斯猫一直为人们所钟爱，但自20世纪起其他的长毛猫品种也引起人们的关注，包括半长毛猫（被毛中等长度，比波斯猫的里层被毛要薄而蓬松），最出名的半长毛猫品种之一是北美产的缅因库恩猫。缅因库恩猫体形大而漂亮，因为表层被毛长度不一而外形粗糙。与之几乎齐名的是大个头的蓝色眼睛布偶猫和刷状尾巴的索马里猫（从奠基种猫阿比西尼亚猫那里继承了优雅体形）。更多具有原始安哥拉猫风范的是美丽的巴厘猫——暹罗猫的半长毛版本，它有着丝滑飘逸的贴身被毛。

为了寻求品种更多样化，繁育者将长毛品种与一些更独特的短毛品种进行杂交，其结果是短尾猫、卷耳和折耳猫、塞尔凯克卷毛猫、带羊毛状卷毛的拉波猫等都有了奢华的长被毛版本。

长毛猫的被毛梳理

许多长毛猫品种褪毛很严重，尤其在温暖的季节里，那时它们有着更亮泽的外貌。频繁的梳理——如有些品种需要每天打理——可以尽量去除掉落的被毛并防止厚厚的里层被毛缠结。

缅因库恩猫
这一美国猫普是户外的农场猫，天生厚厚的被毛帮助它抵御新英格兰严酷的冬天。

波斯猫
100多年来，长有奢华被毛的波斯猫一直是人们最喜爱的长毛猫品种。

带深胸的结实躯干

橙色眼睛

短鼻子, 在眼睛中间有鼻止

颧骨饱满

宽头骨的大头

生有长丛毛的圆圆的小耳朵

质地精细的白色长厚被毛

短而壮实的四肢

厚长领毛

短尾

波斯猫——单色（PERSIAN—SELF）

这种魅力十足的猫咪是最受人喜爱的长毛波斯猫的原始版本

原产地 英国	
初始繁育时间 1800—1809年	
注册机构 CFA, FIFe, GCCF, TICA	
体重范围 3.5~7千克	
梳理要求 每天1次	

毛色和花纹
黑色、白色、蓝色、红色、奶油色、巧克力和淡紫色。

19世纪末，纯种猫的秀展刚刚开始吸引世人的兴趣，波斯猫（有时叫作长毛猫）已经在英国和美国很流行了。在欧洲地区经历了漫长而又模糊的历史后，这种被毛奢华的猫咪也站到了秀展的舞台上，人们并不确定波斯猫的真正祖先是否起源于波斯（今伊朗）。第一个被认可的波斯猫品种是单色波斯猫，即整个被毛是同一种颜色。

最早为人所知的单色波斯猫个体是纯白色被毛和蓝色眼睛（这种颜色组合的猫咪除非精心控制繁育，否则容易发生致盲病例）。白色单色波斯猫与其他单色波斯猫的杂交生成橙色眼睛波斯猫，带橙色、蓝色和双色（两只眼睛色彩不一）眼睛的白色波斯猫已被人们认可。我们应当归功于英国维多利亚女王，她使蓝色单色波斯猫（女王的最爱）流行开来，其他的单色品种有黑色波斯猫和红色波斯猫。自从20世纪20年代以后，人们培育出更多的单色品种，包括奶油色、巧克力色和淡紫色。

从典型特征来讲，波斯猫有着圆头平脸、短而扁的鼻子和吸引人的圆圆的大眼睛。它的躯干结实紧凑，四肢短而健壮。波斯猫的主人常听到别人赞誉爱猫漂亮奢华的长被毛，但必须每天帮它梳理以防打结或生成难去除的厚毛团。波斯猫以温柔友爱的性情和热爱家人而著称。它当然不太好动，但若给个玩具，也会欢快地嬉戏。

波斯猫的平脸特征在现代繁育中有时被过分强调而导致健康问题，如常见的呼吸困难和泪腺问题。

波斯猫——蓝色和其他色眼睛的双色（PERSIAN—BLUE-AND ODD-EYED BICOLOUR）

这种不寻常的波斯猫难觅其踪，但人气一直在上涨

原产地	英国
初始繁育时间	1800—1809年

注册机构
CFA, FIFe, GCCF, TICA

体重范围 3.5～7千克

梳理要求 每周2～3次

毛色和花纹
白色搭配各种单色，包括黑色、蓝色、红色、奶油色、巧克力色和淡紫色。

蓝色和其他色眼睛的双色以及三色波斯猫是双色波斯猫（见154页）的变种，20世纪90年代才被猫迷界所认可。双色眼睛波斯猫比蓝色眼睛波斯猫要少见，但其极富魅力的独特外观正日渐被人喜爱。它一只眼睛为蓝色，另一只眼睛为铜色，两只眼睛都流光溢彩。这种眼睛色彩的混搭来之不易，因为两只双色眼睛波斯猫交配也不一定能保证生下一窝双色眼睛幼猫。

一只眼睛为蓝色，
另一只眼睛为铜色

赤褐色花纹只存
在于头部和尾部

水平背部

内耳有白色丛毛

耳朵间距很大

短而扁的鼻子

长厚领毛

颧骨饱满

赤褐色尾巴

耸立的纯白色
被毛

圆形爪，长长的脚趾
丛毛

波斯猫——豆沙色（PERSIAN—CAMEO）

这种波斯猫长着柔和的混色，而且具有带波动感的被毛

原产地	美国、澳大利亚和新西兰
初始繁育时间	20世纪50年代
注册机构	
CFA, FIFe, GCCF, TICA	
体重范围	3.5~7千克
梳理要求	每周1次

毛色和花纹

黑色、蓝色、红色、奶油色、淡紫色、巧克力色单色和玳瑁色花纹。

豆沙色波斯猫的被毛颜色被许多猫迷认为是所有波斯猫被毛色彩中最富有魅力的。它繁育于20世纪50年代，由烟色波斯猫（见148页）和玳瑁色波斯猫（见152页）杂交而成。豆沙色波斯猫的被毛基底颜色为白色，在毛干末端有色度不同的其他颜色。在毛尖色品种中，颜色只在毛尖显现；而在阴影色品种中，颜色占1/3毛干。随着色调的变化，豆沙色波斯猫的被毛富有波动感，尤其在它奔跑的时候。

深邃的铜色眼睛

粉红色鼻尖

带奶油色阴影色的豆沙色被毛

腿部有阴影色

背部和侧腹的主要颜色区域

内耳有淡色丛毛

面部暗色斑纹

耳朵位于头侧

羽状毛尾的下侧毛色较淡

胸部和下体被毛颜色较淡

下肢被毛短

波斯猫——金吉拉色（PERSIAN—CHINCHILLA）

这种银色被毛的波斯猫有着明星范儿

原产地 英国	
初始繁育时间 19世纪80年代	
注册机构	
CFA，FIFe，GCCF，TICA	
体重范围 3.5~7千克	
梳理要求 每天1次	

毛色和花纹
白色，毛尖色为黑色。

最早的金吉拉色波斯猫见于19世纪80年代。之后20世纪60年代拍摄的《007詹姆斯·邦德》电影系列使这种猫咪声名大噪，它在影片中扮演超级间谍"007"的首敌——布罗菲尔德喂养的宠物。金吉拉色波斯猫有着闪亮的银色被毛，每根毛的毛尖色为黑色。它的名字取自与之被毛颜色相似的南美洲金吉拉小绒鼠，这种绒鼠有着柔软美丽的皮毛，也因此成为一度盛行的绒鼠皮毛交易的牺牲品。

眼睛、鼻子和唇部
周边有黑色圈框

红色鼻尖

银光闪亮的被毛

蓝绿色眼睛

白色长丛毛

白色被毛上均匀分
布的黑色毛尖色

胸部和腹部
被毛纯白色

下肢被毛短

波斯猫——金色（PERSIAN—GOLDEN）

这种猫咪一度被认为有着"错误"的被毛颜色，现在却是人们珍爱的宠物

原产地 英国	
初始繁育时间 20世纪20年代	
注册机构 CFA, FIFe, GCCF, TICA	
体重范围 3.5~7千克	
梳理要求 每天1次	

毛色和花纹
深杏黄色至金色，带海豹棕色或黑色毛尖色。

金色波斯猫20世纪70年代在美国被认可为新品种。它有着深杏黄色到金色的漂亮被毛，深受人们喜爱。然而在20世纪20年代，金吉拉色波斯猫（见140页）生下的第一窝金色波斯猫却被纯种猫业界视为次品。当时，人们把金色波斯猫叫作"棕色猫"，尽管被禁止参加猫展，但成为惹人喜爱的宠物。后来繁育者们看出金色波斯猫的潜力，开始致力于繁育这一可爱的波斯猫品种。

蓝绿色眼睛

玫瑰粉红色鼻尖

圆头顶

眼睛、鼻子和唇部周边有黑色线圈

幼猫

淡杏黄色长丛毛

环绕颈部的厚领毛

胸部和腹部毛色最浅

金色被毛，背部颜色深

尾巴下侧被毛颜色淡

海豹棕色毛尖色使腿部毛色更重

波斯猫——青灰色（PERSIAN—PEWTER）

这种引人注目的铜色眼睛波斯猫有着显眼的毛尖色被毛

原产地	英国
初始繁育时间	1900—1909年
注册机构	CFA，FIFe，GCCF，TICA
体重范围	3.5~7千克
梳理要求	每天1次

毛色和花纹
颜色非常淡的被毛，外层被毛为黑色或蓝色毛尖色。

最初人们用金吉拉色波斯猫（见140页）杂交，之后经过多年的精心繁育，培育出了两个青灰色波斯猫品种。青灰色波斯猫最初叫作蓝色金吉拉波斯猫，有着淡淡的近乎白色的被毛，表层为蓝色或黑色毛尖色被毛，这种色彩使青灰色波斯猫仿佛穿了一件从头顶延伸至背部的"披风"。青灰色波斯猫出生时就具有传统斑纹，随时间发展逐渐变淡，但到成年期仍有一定痕迹。这种猫咪独有的深橙色至铜色眼睛，使其本已特殊的外貌更加不一般。

眼睛间有鼻止

带黑色眼圈的铜色眼睛

前额上有"M"形"幽灵"斑纹

颜色非常浅的胸部

黑青灰色被毛

黑色尾尖

四肢上有淡色斑纹

背部和侧腹毛尖色最重

面部略微倾斜

波斯猫——豆沙双色（PERSIAN—CAMEO BICOLOUR）

这种可爱的猫咪是真正的多色波斯猫

原产地	美国、澳大利亚和新西兰
初始繁育时间	20世纪50年代
注册机构	CFA, FIFe, GCCF, TICA
体重范围	3.5~7千克
梳理要求	每天1次

毛色和花纹

黑色、蓝色、红色、奶油色、淡紫色、蓝奶油色和巧克力色加白色；玳瑁色花纹加白色。

豆沙色波斯猫（见139页）的双色版品种的毛色搭配可谓无穷无尽，除了具备豆沙色波斯猫特有的阴影色和毛尖色（整个毛干只有部分有颜色）外，双色乃至三色花纹的添加使得豆沙双色波斯猫好像有如此众多不同的个体。常见的有红色阴影色，也有黑色、蓝色、巧克力色、奶油色和玳瑁色（黑色和红色、蓝色和奶油色），所有毛色的品种都有广泛的白色被毛区域；闪亮的白色被毛部分和不同浓度的色彩之间的鲜明对比常常令人惊叹。

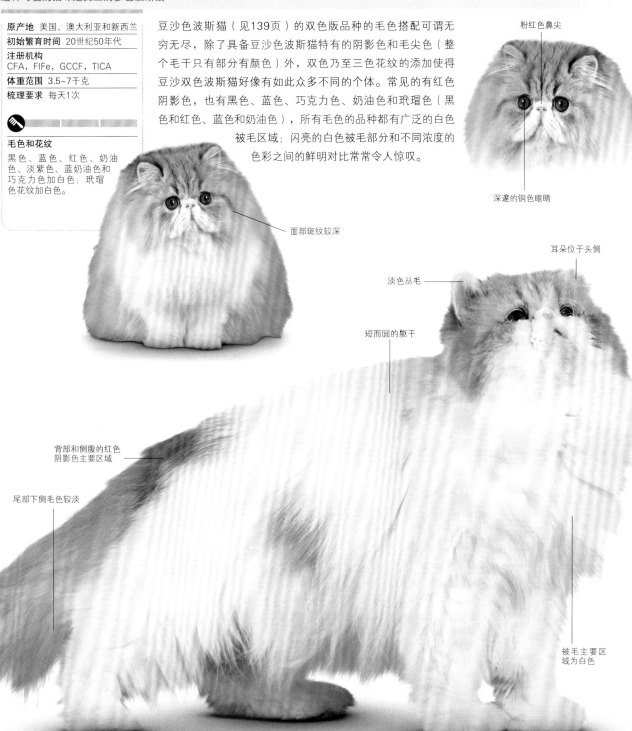

粉红色鼻尖

深邃的铜色眼睛

面部斑纹较深

耳朵位于头侧

淡色丛毛

短而圆的躯干

背部和侧腹的红色阴影色主要区域

尾部下侧毛色较淡

被毛主要区域为白色

多样的毛色
波斯猫有着人们能想象得到的几乎任何被毛颜色。在19世纪刚刚开始流行时，波斯猫只有单色，自那以后，热心人士不断繁育出新的毛色品种。

波斯猫——银色阴影色（PERSIAN—SHADED SILVER）

毛色精致、有着明亮蓝绿色眼睛的波斯猫

原产地	英国
初始繁育时间	1800—1809年
注册机构	CFA，FIFe，GCCF，TICA
体重范围	3.5~7千克
梳理要求	每天1次

毛色和花纹
白色被毛带黑色毛尖色。

银色阴影色波斯猫与金吉拉色波斯猫（见140页）有些相像之处，两个品种都有带黑色毛尖色的白色被毛，人们曾一度将这类波斯猫称为"银色猫"。经过20世纪以来数十年的繁育，金吉拉色波斯猫的毛色逐渐变淡，现在银色阴影色波斯猫因较重的毛色而在两者当中容易识别，而且繁育者还努力创造银色阴影色波斯猫独特的深色"披风"效果（在背部有深色被毛区域）。

蓝绿色眼睛

眼睛、鼻子和唇部周围有黑色线圈

银色阴影色被毛

玫瑰粉红色鼻尖

下颌和胸部白色被毛

发育良好的鼻止

尾巴下侧白色

黑色毛尖色"披风"，在背部、侧腹和尾部颜色最重

短而壮实的四肢

波斯猫——银色斑纹（PERSIAN—SILVER TABBY）

这种猫咪是传统斑纹波斯猫的变种，被毛银亮丝滑

原产地	英国
初始繁育时间	1800—1809年
注册机构	CFA，FIFe，GCCF，TICA
体重范围	3.5~7千克
梳理要求	每周2~3次

毛色和花纹
银色斑纹，玳瑁银色斑纹，都带有白色斑纹。

银色斑纹波斯猫是毛色最精致的波斯猫种之一，它有着清晰的斑纹被毛纹理，不过传统斑纹的暖铜色底被毛被银色或青白色替代了。双色银色斑纹波斯猫有清晰的白色被毛区域，但理想状态为白色区域最小化，主要分布于鼻口部、胸部、腹部，有时四肢也有。在三色银色斑纹波斯猫个体中，另一种颜色如红色阴影色或棕色阴影色混合于被毛色中。

大大的绿色眼睛

粉红色鼻尖

延伸至胸部的白色长领毛

长满丛毛的脚趾

前额明显的"M"形纹

白色长丛毛

银白色里层被毛

躯干上的黑色斑纹

浓密被毛的短尾

腿部横纹明显

波斯猫——烟色（PERSIAN—SMOKE）

这种毛色罕见的波斯猫被挽救于濒临灭绝的边缘

原产地	英国
初始繁育时间	19世纪60年代
注册机构	CFA, FIFe, GCCF, TICA
体重范围	3.5~7千克
梳理要求	每天1次

毛色和花纹
白色被毛带深色毛尖色，包括黑色、蓝色、奶油色和红色；玳瑁色花纹。

在烟色波斯猫的被毛图案中，每根毛的发根为苍白色，往上颜色逐渐变深。烟色波斯猫在出生时没有任何这种毛色的明显迹象，直到7月龄时才开始生成。烟色波斯猫早在19世纪60年代就有记载，但一直数量稀少，到20世纪40年代，这一品种几乎灭绝了。幸运的是，几位热心人士延续繁育这一品种，开发对这种猫咪的新兴趣点并扩大其毛色范围。

深蓝色假面和耳朵

黑色鼻尖

波斯猫典型的结实躯干

黑烟色被毛上的白色褶边

纯色四肢

被毛丰密的短尾巴

蓝烟色被毛

间距很大的耳朵

白色里层被毛在猫咪运动时更显眼

下体毛色更淡

波斯猫——烟色双色（PERSIAN—SMOKE BICOLOUR）

美丽混合的毛色使得这种猫咪成为最漂亮的波斯猫之一

原产地 英国	
初始繁育时间 1900—1909年	
注册机构 CFA，FIFe，GCCF，TICA	
体重范围 3.5~7千克	
梳理要求 每天1次	

毛色和花纹
白色被毛带烟色，包括黑色、蓝色、巧克力色、淡紫色和红色；各种玳瑁色花纹。

烟色双色波斯猫的被毛为白底色混合各类烟色（每根毛的发根为白色，大部分毛干带颜色），苍白色发根只有在猫咪运动时才显现，而且毛的带色部分比阴影色或毛尖色被毛的要长。烟色双色波斯猫的白色被毛上带有黑色、蓝色、巧克力色、淡紫色和红色区域；而烟色三色波斯猫的被毛包括数种玳瑁烟色，如蓝色和奶油色玳瑁色。

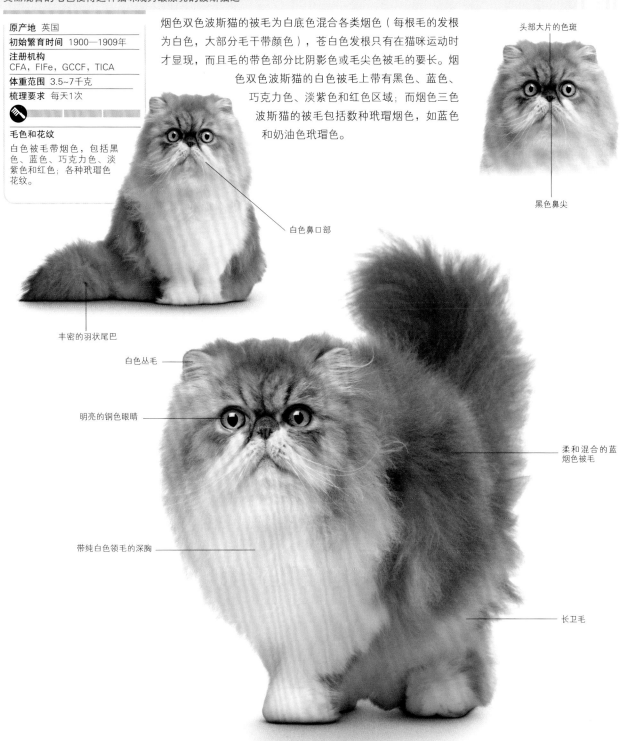

头部大片的色斑

黑色鼻尖

白色鼻口部

丰密的羽状尾巴

白色丛毛

明亮的铜色眼睛

带纯白色领毛的深胸

柔和混合的蓝烟色被毛

长卫毛

波斯猫——斑纹和玳瑁色斑纹（PERSIAN—TABBY AND TORTIE-TABBY）

这种温柔的猫咪被人们繁育出极为丰富的毛色和花纹

原产地	英国
初始繁育时间	1800—1809年
注册机构	CFA，FIFe，GCCF，TICA
体重范围	3.5~7千克
梳理要求	每天1次

毛色和花纹
多种毛色，包括银色毛尖色；斑纹和玳瑁色斑纹。

斑纹波斯猫比许多其他类型的波斯猫有更长的历史，其中棕色斑纹品种在19世纪70年代的英国现身于一些最早期的猫咪秀展上，当时第一批纯种猫迷俱乐部之一被专门建立来繁育推广棕色斑纹波斯猫。从那时起，人们繁育出了数种毛色的斑纹波斯猫，其中三种获得认可：经典斑纹、鲭鱼斑纹（窄条纹）和斑点纹。玳瑁色斑纹波斯猫的斑纹与双色里层被毛重叠覆盖。

红色鼻尖

从眼角延伸出的黑色线

圆圆的铜色眼睛

眼睛间的尖鼻止

棕色经典斑纹被毛

腿部有横纹

背部的深黑色斑纹

前额上的"M"形斑纹

丰满的刷状尾

胸部上方的项链状斑纹

短而壮实的四肢，大而圆的爪子

波斯猫——斑纹双色（PERSIAN —TABBY BICOLOUR）

这种猫咪的白色被毛区域更突出了其浓重的斑纹

原产地	英国
初始繁育时间	1900年之后
注册机构	CFA, FIFe, GCCF, TICA
体重范围	3.5~7千克
梳理要求	每周2~3次

毛色和花纹
各色经典斑纹和鲭鱼斑纹，带白色被毛区域。

这一可爱的波斯猫变种将闪亮的白色被毛和暖色的斑纹结合于一身，人们认可的有两种斑纹类型：经典斑纹（大块的烟熏色斑纹区域）和鲭鱼斑纹（较细的深色条状斑纹）。斑纹双色和三色波斯猫在20世纪80年代被首次授予冠军地位，它们美丽的斑纹因奢华的被毛而变得柔美模糊，使繁育者和主人们成为其忠实支持者。

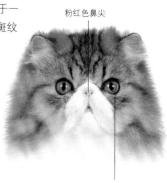

粉红色鼻尖

明亮的铜色眼睛

白色鼻口部和胸部

丰满的深色尾巴

爪部有棒球手套状白色被毛

低矮躯干

三色被毛，带柔和的经典斑纹

前额和面部被毛较短

小而圆的耳朵

波斯猫——玳瑁色和玳瑁白色（PERSIAN—TORTIE AND TORTIE & WHITE）

这种流行毛色的波斯猫并不总是容易得到

原产地	英国
初始繁育时间	19世纪80年代
注册机构	CFA，FIFe，GCCF，TICA
体重范围	3.5~7千克
梳理要求	每天1次

毛色和花纹

玳瑁色（黑色和红色）、巧克力玳瑁色、淡紫奶油色和蓝奶油色；带有白色斑纹。

玳瑁色波斯猫的被毛为两种颜色的混合，给人以杂色的观感。玳瑁色波斯猫自19世纪晚期为世人所知，但一直难于稳定繁育。它们的基因结构意味着几乎所有玳瑁色波斯猫都是雌性，少有的雄性也多无生育能力。玳瑁色波斯猫有三色品种——玳瑁白色波斯猫，在美国被叫作卡利科猫（Calico）。

明亮的铜色眼睛

黑色鼻尖

质地精细的玳瑁白色丝滑被毛

很短的鼻口部

背部清晰的黑红色斑纹

白色胸部和鼻口部

白色四肢和爪子

数种色度的红色与玳瑁色被毛的黑色区域柔性混合

红色长丛毛

粗而壮实的四肢

调色盘花纹
红色斑纹混合在黑白色被毛区域，形成鲜艳的混合色。玳瑁白色（也称为卡利科色）在生有丝滑长被毛的波斯猫身上看起来尤为醒目。

波斯猫——双色（PERSIAN—BICOLOUR）

长被毛加上醒目颜色的斑纹赋予这种猫咪额外的魅力

原产地 英国	
初始繁育时间 1800—1809年	
注册机构 CFA，FIFe，GCCF，TICA	
体重范围 3.5~7千克	
梳理要求 每天1次	

毛色和花纹
白色加各类单色，包括黑色、蓝色、奶油色、巧克力色、淡紫色和红色；玳瑁色花纹。

直到20世纪60年代，繁育者对双色波斯猫还几乎没有兴趣，它被认为只适合做宠物。今天，双色波斯猫能在猫展上挑战纯色波斯猫的受宠地位。最早一批双色波斯猫中的一只为黑白色，一度被称为"喜鹊"；现在许多白色加各类单色的品种已被人们接受。在繁育双色波斯猫和玳瑁白色波斯猫的过程中，培育者致力于理想却难以达到的目标——界线清晰的对称花纹。

头部巧克力色

白色鼻口部

花纹界线清晰而且对称

细毛丝滑的巧克力色和白色被毛

耳根有长毛

黑色鼻尖

铜色眼睛

巧克力色尾巴

白色胸部和腹部

白色腿部和爪子

波斯猫——重点色（PERSIAN—COLOURPOINT）

这种波斯猫有着人们挚爱的秀展猫咪外貌和安宁的性格

原产地	美国
初始繁育时间	20世纪30年代
注册机构	CFA, FIFe, GCCF, TICA
体重范围	3.5~7千克
梳理要求	每天1次

毛色和花纹

单色、花色、玳瑁色和斑纹重点色。

重点色波斯猫在美国叫作喜马拉雅猫（Himalayan），是10余年繁育的结果，在其中人们致力于培育带暹罗猫花纹的长毛猫。重点色波斯猫长着圆脸扁鼻、大大的眼睛、短而壮实的躯干和长而奢华的被毛，有着波斯猫所有的典型特征。尽管是安静而无苛求的伴侣，但这种猫咪渴望被关爱。它的被毛必须每天梳理，若疏于照顾，浓密的双层被毛容易缠结。

圆脸，宽头颅

短而扁的鼻子，眼睛间鼻止明显

对比鲜明的海豹色假面

海豹色重点色被毛

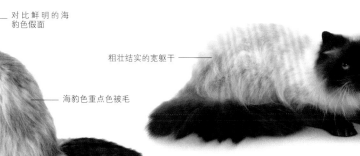

粗壮结实的宽躯干

大而圆的爪子，脚趾间有长丛毛

覆盖于整个躯干上的象牙色长厚被毛

大大的蓝眼睛

圆耳端的小耳朵

海豹色重点色刷状短尾巴

深厚领毛

巴厘猫（BALINESE）

这是一种非常特别的猫咪，优雅的外形下隐藏着坚毅的性格

原产地	美国
初始繁育时间	20世纪50年代
注册机构	CFA, FIFe, GCCF, TICA
体重范围	2.5~5千克
梳理要求	每周2~3次

毛色和花纹
海豹色、蓝色、巧克力色和淡紫色等单色重点色。

巴厘猫是暹罗猫的长毛变种，好像在暹罗猫优雅修长的精巧身躯上套了飘逸丝滑的被毛。记录表明，许多年来，短毛暹罗猫产下的幼猫中偶尔会出现长毛猫崽，但一直到20世纪50年代，一些繁育者才开始培育这一新品种。巴厘猫性格外向，精力充沛而好奇，尽管它没有暹罗猫叫声大，也很渴望寻求主人关注。对以恶作剧而出名的巴厘猫，主人最好不要长时间单独留置它。

界线清晰的海豹色假面覆盖大部分面庞

长而直的鼻子，没有鼻止

很大的宽耳根耳朵

长而细的淡紫色重点色贴身被毛

杏仁状深蓝色眼睛，向鼻子方向倾斜

海豹色重点色被毛

逐渐变尖的长楔形头部

长而柔软的健壮躯干

羽状尾巴

修长的四肢

四肢上的海豹色重点色与被毛阴影色匹配

巴厘爪哇猫（BALINESE-JAVANESE）

这种自信而又渴望被关爱的猫咪要求在家庭中占据一席之地

原产地	美国
初始繁育时间	20世纪50年代
注册机构	CFA
体重范围	2.5~5千克
梳理要求	每周2~3次

毛色和花纹

许多重点色、斑纹和玳瑁色花纹。

迷人的巴厘爪哇猫是巴厘猫（见156页，暹罗猫的长毛变种）的衍生品种，并与后者有相同的品种繁育和被毛质量的标准规范，不同点在于巴厘爪哇猫新增的毛色和花纹，这主要是通过与重点色短毛猫（见58页）杂交而得来的。巴厘爪哇猫面容精致，躯干灵活而健壮，配以坚强的性格，是有良好亲和力和交际能力的猫咪。不在犄角旮旯探寻的时候，巴厘爪哇猫喜欢黏着主人。它丝滑柔顺的被毛不易打结，很方便梳理。

清澈而有生气的蓝色眼睛

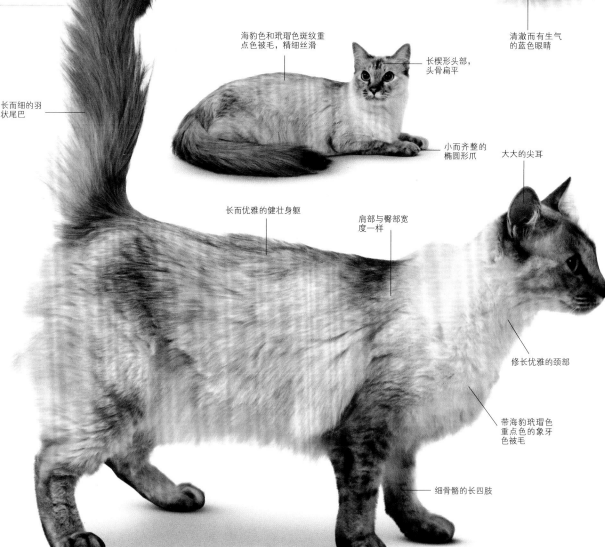

海豹色和玳瑁色斑纹重点色被毛，精细丝滑

长楔形头部，头骨扁平

长而细的羽状尾巴

小而齐整的椭圆形爪

大大的尖耳

长而优雅的健壮身躯

肩部与臀部宽度一样

修长优雅的颈部

带海豹玳瑁色重点色的象牙色被毛

细骨骼的长四肢

约克巧克力猫（YORK CHOCOLATE）

这种猫咪温柔而有爱心，但在户外却是个机敏的猎手

原产地	美国
初始繁育时间	20世纪80年代
注册机构	其他
体重范围	2.5~5千克
梳理要求	每周2~3次

毛色和花纹

单色：巧克力色和淡紫色；双色：巧克力色和白色、淡紫色和白色。

约克巧克力猫的奠基雌种猫是一只来自美国纽约州的深巧克力棕色猫咪，这一品种因而得名。当主人发现这只雌猫产下的幼猫有与母猫一样浓重色彩的被毛时，被激发出热情来继续繁育这一品种。尽管相对来说还很少见，但约克巧克力猫已经在北美的猫展上吸引了人们的极大注意力。这个品种包括双色猫咪（带巧克力色和淡紫色斑纹）。约克巧克力猫喜欢卧于主人膝上并被爱抚，它性情温柔友爱，虽然叫声柔弱，但会借助到处跟随主人和参与任何进行中的活动而显示它的存在。

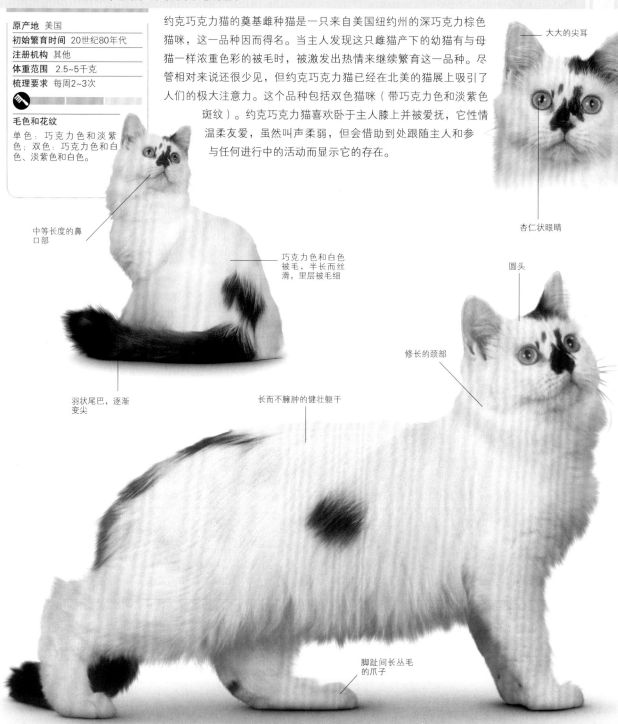

大大的尖耳

杏仁状眼睛

中等长度的鼻口部

巧克力色和白色被毛，半长而丝滑，里层被毛细

圆头

修长的颈部

羽状尾巴，逐渐变尖

长而不臃肿的健壮躯干

脚趾间长丛毛的爪子

东方长毛猫（ORIENTAL LONGHAIR）

典型的东方猫咪品种，需要充分陪伴和娱乐

原产地	英国
初始繁育时间	20世纪60年代
注册机构	CFA，FIFe，GCCF，TICA
体重范围	2.5~5千克
梳理要求	每周2~3次

毛色和花纹

许多毛色，包括单色、烟色和阴影色；斑纹、双色和玳瑁色花纹。

东方长毛猫最初叫作英国安哥拉猫，在2002年被重新命名，以免与土耳其安哥拉猫（见178页）相混淆。东方长毛猫繁育于20世纪60年代，目的是为复制丝滑被毛的安哥拉猫（维多利亚时代很受喜爱的家庭宠物猫，后来被日渐兴盛的波斯猫所取代）。东方长毛猫的培育计划包括各类长毛东方猫种，比如巴厘猫（见156）、巴厘爪哇猫（见157页），它们本质上为长毛暹罗猫，有着柔软灵活而优雅的身躯，但缺少花色斑点。东方长毛猫生性好奇，非常好动，喜欢嬉戏，渴望成为家庭注意力的焦点，但常常只选择其中一人结成亲密关系。

醒目的杏仁状绿色眼睛

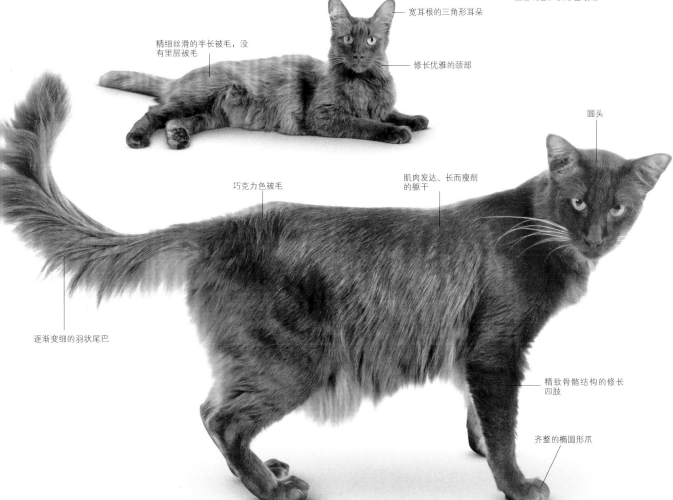

宽耳根的三角形耳朵

精细丝滑的半长被毛，没有里层被毛

修长优雅的颈部

圆头

巧克力色被毛

肌肉发达、长而瘦削的躯干

逐渐变细的羽状尾巴

精致骨骼结构的修长四肢

齐整的椭圆形爪

蒂凡尼猫（TIFFANIE）

这种脾性随和的猫咪是所有年龄段主人的理想伴侣

原产地	英国
初始繁育时间	20世纪80年代
注册机构	GCCF
体重范围	3.5~6.5千克
梳理要求	每周2~3次

毛色和花纹

所有单色和阴影色；斑纹和玳瑁色花纹。

蒂凡尼猫原先叫作亚洲长毛猫，经常与被称作尚迪伊/蒂凡尼猫（见161页）的一个美国猫种相混淆。蒂凡尼猫最早作为波米拉猫（起源于一只欧洲缅甸猫和一只金吉拉色波斯猫意外交配的惊喜结果）的长毛变种而偶然出现。它是性格温柔而可爱的猫咪，也从它拥有的缅甸猫血缘中遗传了一些恶作剧基因。蒂凡尼猫喜欢在游戏中自娱自乐，如果有人愿意加入它也会开心。这种敏感而聪明的猫咪据说对主人的情绪反应强烈。

间距很大的黄绿色眼睛

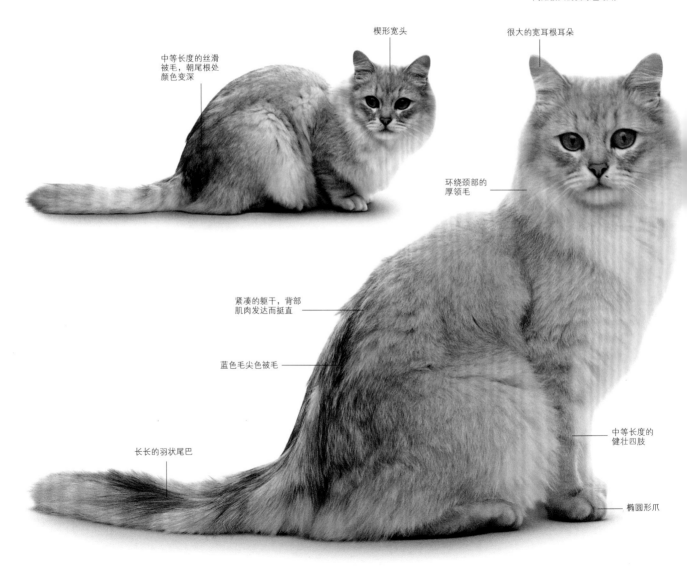

中等长度的丝滑被毛，朝尾根处颜色变深

楔形宽头

很大的宽耳根耳朵

环绕颈部的厚领毛

紧凑的躯干，背部肌肉发达而挺直

蓝色毛尖色被毛

中等长度的健壮四肢

长长的羽状尾巴

椭圆形爪

尚迪伊/蒂凡尼猫（CHANTILLY/ TIFFANY）

稀有的猫咪品种，柔软丰密的被毛色彩浓重

原产地	美国
初始繁育时间	20世纪60年代
注册机构	其他
体重范围	2.5~5千克
梳理要求	每周2~3次

毛色和花纹
黑色、蓝色、淡紫色、巧克力色、肉桂色和浅黄褐色；各类斑纹。

尚迪伊/蒂凡尼猫的历史起源于两只不明血缘的长毛猫产下的一窝巧克力棕色幼猫，一度盛传的其祖先包括缅甸猫的说法现在不为人全信。在这种猫咪的繁育史上登记的各类名称——异国长毛猫、尚迪伊猫和蒂凡尼猫等——造成很大混乱，尚迪伊/蒂凡尼猫是现在最广泛被接受的名称。尽管外貌引人瞩目而且性格温柔，但这种猫咪还未普及。它喜欢人类陪伴，会用温柔的颤音来委婉地索求。

高颧骨

环绕颈部的长领毛

圆耳端耳朵

半长而丝滑的巧克力色被毛，里层被毛很少

略有角度的杏仁状眼睛

鼻子倾斜至宽鼻口部

中等长度的躯干

健壮而不粗大的四肢

厚厚的羽状长尾巴

伯曼猫（BIRMAN）

该猫性格安静而温柔，对主人的关爱反应敏感

原产地	缅甸/法国
初始繁育时间	20世纪20年代
注册机构	CFA, FIFe, GCCF, TICA
体重范围	4.5~8千克
梳理要求	每周2~3次

毛色和花纹
所有重点色，白色爪子。

精致的伯曼猫生有独特的重点色被毛，有着长毛暹罗猫的外表，但两个品种之间并无紧密的联系。根据一个引人入胜的传说，伯曼猫源自缅甸僧侣曾经喂养过的白色圣猫，它的毛色被赋予神秘的超自然能力。在现实世界里，伯曼猫可能繁育于20世纪20年代的法国，种猫或许来自缅甸。伯曼猫身躯长而健壮，被毛质地柔软光滑，不像许多长毛猫种的被毛那样容易缠结。

饱满的颧骨和圆鼻口部

发育良好的颌部

圆圆的蓝色眼睛

柔软光滑的蓝色重点色被毛

鹰钩鼻

瘦长的健壮身躯

环绕颈部的厚领毛

健壮的四肢

爪子上长有白色手套状被毛

安静的宠物

伯曼猫温柔而恬静，是非常容易相处的宠物。长长的被毛也不难梳理，因为几乎没有里层被毛，所以不会与松散的外毛缠绕打结。

红色被毛，质地光滑柔软

椭圆形的铜色眼睛

大大的丛毛耳朵

方形鼻口部

领毛较长

厚实的宽胸躯干

中等长度的健壮四肢

大而圆的丛毛爪子

厚毛长尾巴

缅因库恩猫（MAINE COON）

给人以深刻印象的大猫咪，性情温顺，易于喂养

原产地	美国
初始繁育时间	1800—1809年
注册机构	CFA，FIFe，GCCF，TICA
体重范围	4~7.5千克
梳理要求	每周2~3次

毛色和花纹

许多单色和阴影色被毛，斑纹、双色和玳瑁色花纹。

缅因库恩猫以其首次被认可的地方——美国新英格兰而命名，被视为美国的本土猫种。许多有趣而荒诞的故事在解释这种猫咪如何来到新英格兰。更离奇的故事版本提出，缅因库恩猫源自北欧海盗带来的斯堪的纳维亚猫种，或声称数只这种类型的猫咪被法国王后玛丽·安托瓦内特送往美国，她想在法国大革命期间保存她的宠物。另外一种说法认为，缅因库恩猫是野猫和浣熊的杂交后代，这当然不可信，因为根本没有科学上的可行性。不过这种猫咪的浓密被毛尾巴，很容易让人明白荒诞不经的说法从前何以居然令人相信。

缅因库恩猫体形大而俊美，厚而粗糙的防水被毛非常适合它早期的农场猫角色，可以应对北美严酷的寒冬户外生活。人们以前高度赞誉缅因库恩猫的捕鼠技能，但自从20世纪中叶以来，它成为流行的宠物。它有着许多令人喜欢的性格特点，包括终生像幼猫一样的淘气性格。有人将缅因库恩猫的叫声描述为鸟儿的啾啾声，相对它的硕大体形，其叫声令人惊奇地柔弱。缅因库恩猫成熟缓慢，通常直到5岁龄才会长成壮硕的体格。

季节性被毛

被毛长齐的缅因库恩猫有很丰密的领毛，而且雄猫的领毛比雌猫更为粗浓。这种被毛保暖性极佳，在缅因库恩猫充当户外捕鼠猫时是重要的防寒工具。这种猫咪的被毛随季节变化，大部分里层厚被毛在夏天会褪掉。

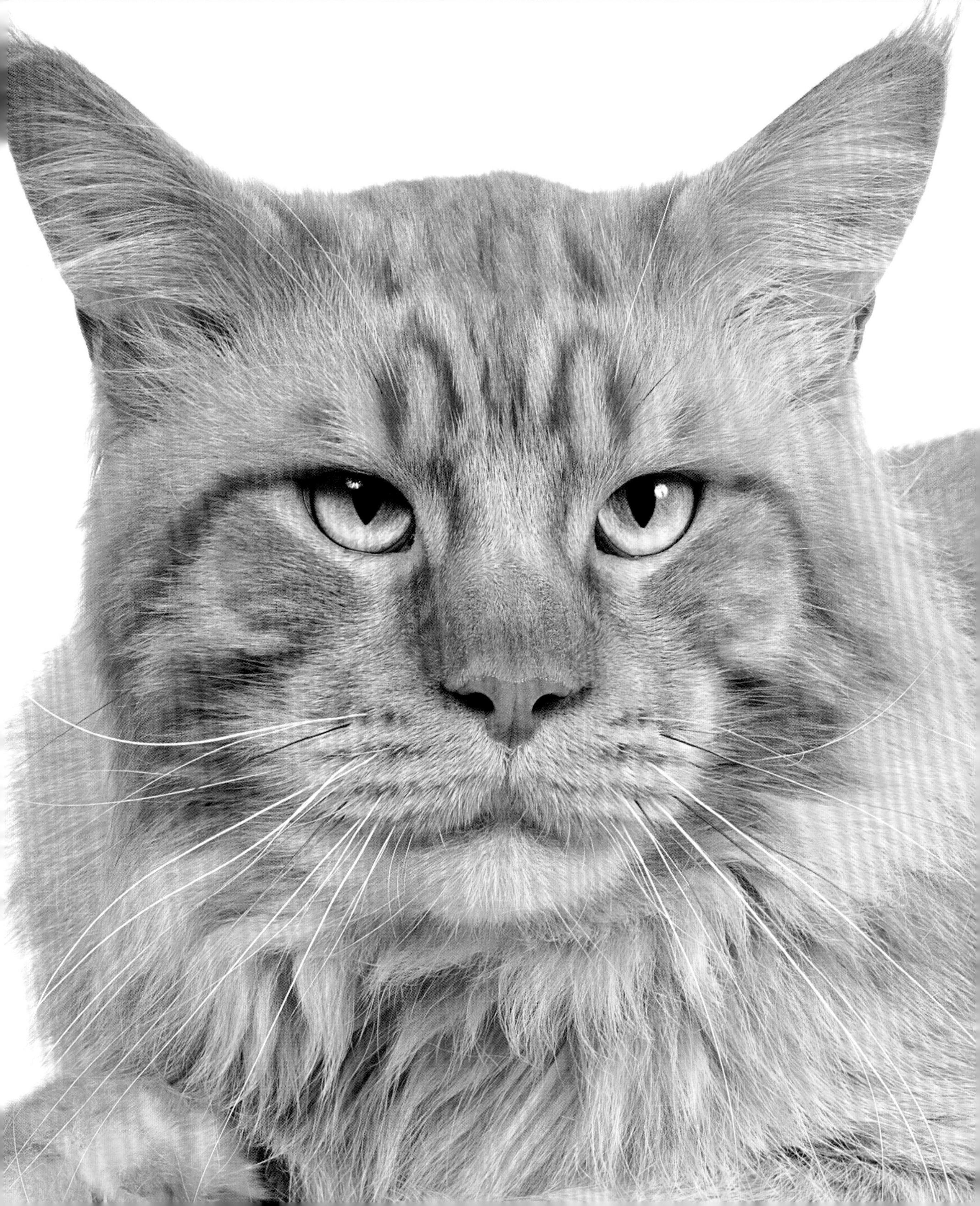

防风雨的被毛
缅因库恩猫极厚的被毛保暖御寒，长长的耳部丛毛也能保护宽耳根的耳朵抵御最严酷的气候。

布偶猫 (RAGDOLL)

这种大猫非常温柔顺从

原产地	美国
初始繁育时间	20世纪60年代
注册机构	CFA, FIFe, GCCF, TICA
体重范围	4.5~9千克
梳理要求	每周2~3次

毛色和花纹

大多数单色被毛，玳瑁色花纹和斑纹；总是有重点色、双色和棒球手套状的被毛。

布偶猫的名字恰如其分，很少有猫咪能比它更容易管理和更愿意卧于主人膝上了。作为最大型的猫咪之一，布偶猫的历史却不甚明了。据说，最初的布偶猫来自美国加利福尼亚州出生的一窝幼猫，人们发现在拿起这些幼猫时，它们异常地柔软松弛。布偶猫喜欢人类陪伴，乐于同儿童玩耍，通常对其他宠物友好，但不太好动。一旦过了幼年期，大多数布偶猫喜欢温柔的游戏。适度的梳理就能防止它柔顺光滑的被毛缠结。

明亮的蓝色椭圆形大眼睛

骨骼粗壮的大型身躯

间距大的耳朵

蓝白双色被毛

宽宽的楔形头部

海豹双色被毛，朝向尾巴部分更长

长长的羽状尾巴

后肢有长长的羽状被毛

长而柔顺的卫毛盖住卷曲的里层被毛

下肢被毛较短

布履阑珊猫（RAGAMUFFIN）

体格硕大、气度高尚而安静可爱的猫咪

原产地	美国
初始繁育时间	20世纪晚期
注册机构	CFA，GCCF
体重范围	4.5~9千克
梳理要求	每周2~3次

毛色和花纹
所有单色被毛，双色、斑纹和玳瑁色花纹。

相对较新的布履阑珊猫品种有着复杂的历史，它作为较知名的布偶猫（见168页）的新品种首次问世。布履阑珊猫其实是性格温柔的大个头猫咪，能安静地融入各类家庭并在关爱下茁壮成长，它温顺的性格使其成为孩子们最好的宠物。布履阑珊猫并不缺少乐趣感，愿意听话去玩玩具。它浓密柔软的被毛不易缠结，定期的短时间梳理就能保持良好状态。

鼻部有浅凹陷

大大的眼睛，特有的温柔面部表情

饱满的颧骨

长长的羽状尾巴

圆而宽的头部

间距很大的圆耳端耳朵

厚重的长方形身躯

厚密柔软的黑白色被毛，不易缠结

索马里猫（SOMALI）

外貌引人瞩目、被毛美丽的索马里猫有着丰富的个性

原产地	美国
初始繁育时间	20世纪60年代
注册机构	CFA, FIFe, GCCF, TICA
体重范围	3.5~5.5千克
梳理要求	每周2~3次

毛色和花纹

各种颜色的被毛，有些为银色毛尖色；玳瑁色花纹；银色被毛总是多层色。

这种令人惊诧的美丽猫咪是阿比西尼亚猫（见83~85页）的长毛亲属，二者都没有业已被证明的非洲关联来正其名。索马里猫招人眼球的被毛有各种浓重色彩，毛质非常精细，最鲜明的特征是那硕大的密毛尾巴。这种猫咪活泼好动，有着永远无法满足的好奇心，是颇有吸引力的趣味宠物。尽管非常友好和亲近家人，但它不愿意总是安静而长时间地卧于主人膝上，而是有太多的精力要宣泄。

颧骨和眉毛上有黑色斑纹

浅色被毛环绕的眼睛

色彩浓重的被毛，特有的多层色毛

略微呈拱形的背部

有黑色眼圈的杏仁状眼睛

圆耳端大耳朵，位于头骨靠后

质地非常柔软的精细被毛

圆鼻口部

密毛长尾巴，很像狐狸的刷状尾

健壮而优雅的躯干

英国长毛猫（BRITISH LONGHAIR）

这一身体粗短的俊美猫咪有着长而飘逸的被毛

原产地	英国
初始繁育时间	1800—1809年
注册机构	TICA
体重范围	4~8千克
梳理要求	每周2~3次

毛色和花纹
有与英国短毛猫一样被认可的毛色和花纹。

英国长毛猫在美国和欧洲大不列颠叫作低地猫（Lowlander），是英国短毛猫（见68~77页）的长毛表亲。二者在体形上一样，都有着健壮躯干、大头颅和圆脸庞，毛色范围也一致，但并非所有的纯种猫登记机构都将英国长毛猫认可为独立品种。不考虑其正式地位，英国长毛猫是优秀的宠物，它性格安静随和，非常讨人喜欢。长长的被毛需要适度梳理以防止缠结。

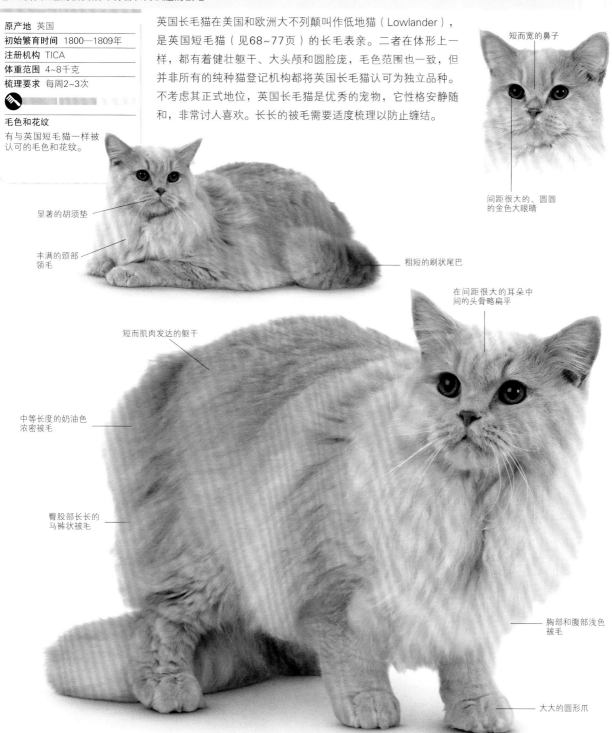

短而宽的鼻子

间距很大的、圆圆的金色大眼睛

显著的胡须垫

丰满的颈部领毛

粗短的刷状尾巴

在间距很大的耳朵中间的头骨略扁平

短而肌肉发达的躯干

中等长度的奶油色浓密被毛

臀股部长长的马裤状被毛

胸部和腹部浅色被毛

大大的圆形爪

尼比隆猫（NEBELUNG）

这种亲和的猫咪喜欢安稳的规律生活，见到生人会腼腆

原产地	美国
初始繁育时间	20世纪80年代
注册机构	GCCF，TICA
体重范围	2.5~5千克
梳理要求	每周2~3次

毛色和花纹
蓝色，有时为银色毛尖色。

尼比隆猫繁育于20世纪晚期的美国科罗拉多州丹佛市，是俄罗斯蓝猫（见66、67页）异型杂交的结果，人们有意繁育该品种以复制维多利亚时代流行的长毛蓝猫。尼比隆猫的名字取自德语词汇"nebel"（意为雾霾或迷雾），与它柔和闪亮的被毛非常匹配。这种猫咪天生拘谨，喜欢安静的环境，无法很好地生活于有喧闹孩子的家庭。但加以精心的管理，它会成为忠实的宠物，总是喜欢时时看到主人并卧于主人膝上。

耳朵后面有羽状被毛

略微呈椭圆形的黄绿色眼睛

长而优雅的躯干

银色毛尖色蓝被毛，柔软亮泽

大大的耳朵延续楔形头部曲线

显著的胡须垫

厚厚的羽状尾巴

环绕颈部的领毛

下肢被毛较短

脚趾间有丛毛

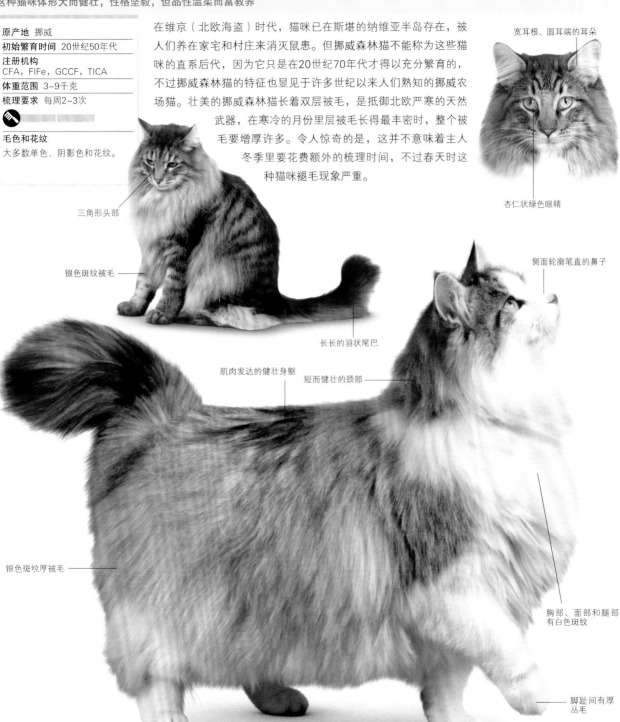

挪威森林猫（NORWEGIAN FOREST CAT）

这种猫咪体形大而健壮，性格坚毅，但品性温柔而富教养

原产地 挪威	
初始繁育时间 20世纪50年代	
注册机构 CFA，FIFe，GCCF，TICA	
体重范围 3~9千克	
梳理要求 每周2~3次	

毛色和花纹
大多数单色、阴影色和花纹。

在维京（北欧海盗）时代，猫咪已在斯堪的纳维亚半岛存在，被人们养在家宅和村庄来消灭鼠患。但挪威森林猫不能称为这些猫咪的直系后代，因为它只是在20世纪70年代才得以充分繁育的，不过挪威森林猫的特征也显见于许多世纪以来人们熟知的挪威农场猫。壮美的挪威森林猫长着双层被毛，是抵御北欧严寒的天然武器，在寒冷的月份里层被毛长得最丰密时，整个被毛要增厚许多。令人惊奇的是，这并不意味着主人冬季里要花费额外的梳理时间，不过春天时这种猫咪褪毛现象严重。

宽耳根、圆耳端的耳朵

杏仁状绿色眼睛

三角形头部

银色斑纹被毛

侧面轮廓笔直的鼻子

长长的羽状尾巴

肌肉发达的健壮身躯

短而健壮的颈部

银色斑纹厚被毛

胸部、面部和腿部有白色斑纹

脚趾间有厚丛毛

挪威人的挚爱

有关挪威森林猫的起源有很丰富的传说。它的祖先或可能或不可能与北欧海盗一同航行，但这一猫种是挪威真正的本土猫种，在斯堪的纳维亚半岛尤其流行。

土耳其梵猫（TURKISH VAN）

活泼爱动，尤其喜欢水中游戏的猫咪

原产地 土耳其/英国（现代品种）	
初始繁育时间 1700年之前	
注册机构 CFA, FIFe, GCCF, TICA	
体重范围 3~8.5千克	
梳理要求 每周2~3次	

毛色和花纹
白色被毛，头部和尾部深色。

土耳其梵猫的前身以土耳其东部的凡湖地区而命名，可能在今天已知的中东地区已经生存了数百年之久。现代土耳其梵猫最初于20世纪50年代在英国进行繁育，自那以后种猫被出口到其他国家，尽管仍不太普及。土耳其梵猫活泼热情，喜爱欢乐，倘若寻求安静的膝上猫咪，它可不是理想的选择。土耳其梵猫喜欢游戏，尤其是有家人参与的；还特别爱玩水，有些土耳其梵猫以擅长游泳而著称。

粉红色鼻尖

间距很大的耳朵

柔软防水的白色被毛，没有里层被毛

大大的琥珀色眼睛，带粉红色眼圈

显著的颧骨

赤褐色的梵猫斑纹，仅限于头部和尾部

羽状尾巴

深胸

宽而健壮的躯干，雄猫尤为明显

长长的四肢，颇大的圆形爪

土耳其梵科迪斯猫（TURKISH VANKEDISI）

这一珍稀的猫种是土耳其梵猫的纯白色版

原产地	土耳其东部地区
初始繁育时间	1700年之前
注册机构	GCCF
体重范围	3~8.5千克
梳理要求	每周2~3次

毛色和花纹
只认可纯白色。

土耳其梵科迪斯猫和土耳其梵猫（见176页）有一样的土耳其发源地，二者的唯一区别是土耳其梵科迪斯猫雪白的被毛上缺少典型的梵猫斑纹。在其他方面，两种猫咪的特征完全一致。土耳其梵科迪斯猫是世界稀有猫种，在原产地备受珍爱。与其他纯白色猫种一样，这一猫咪容易遗传耳聋病症，但身体健壮而活跃。它讨人喜欢的性情使其成为可爱的伴侣，但需要充分的关爱。

长而直的鼻子

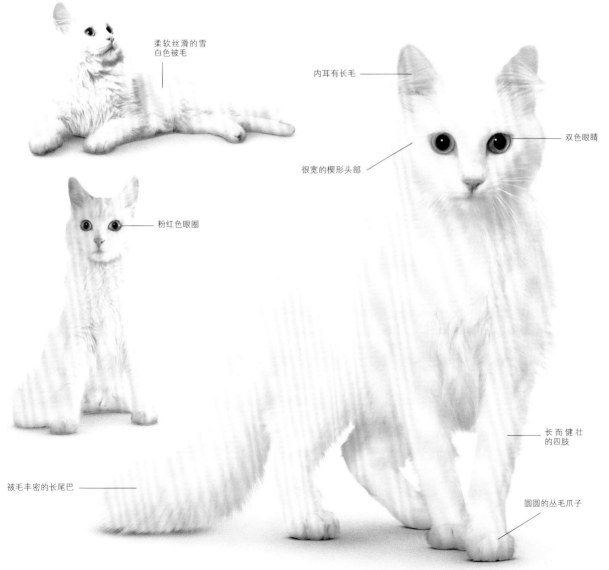

柔软丝滑的雪白色被毛

内耳有长毛

双色眼睛

很宽的楔形头部

粉红色眼圈

长而健壮的四肢

被毛丰密的长尾巴

圆圆的丛毛爪子

土耳其安哥拉猫（TURKISH ANGORA）

这种猫咪外貌精致，性格强硬

原产地	土耳其
初始繁育时间	16世纪
注册机构	CFA，FIFe，TICA
体重范围	2.5~5千克
梳理要求	每周2~3次

毛色和花纹

许多单色和阴影色；花纹包括斑纹、玳瑁色和双色。

历史记录表明，这一土耳其本土猫种可能在17世纪的某个时候到达法国和英国。土耳其安哥拉猫曾被广泛用于其他长毛猫品种如波斯猫的繁育计划中，尤其在20世纪早期，但它本身的繁育被如此轻视，以致除了在原产地几乎绝迹。在土耳其，人们对这种猫咪给予了更有力的保护，到20世纪50年代为止，纯种繁育的土耳其安哥拉猫被输送往欧洲和美国。稀有的土耳其安哥拉猫是所有长毛猫品种中最精美的猫咪之一，有着细密的骨骼结构和非常柔软闪亮的被毛。

小到中等尺寸的头部

蓝奶油色玳瑁被毛

骨骼细密而健壮的修长躯干

优雅修长的颈部

小而圆的爪子，脚趾间有丛毛

位于头部高处的丛毛大耳朵

略微倾斜的杏仁状绿色眼睛

丝滑闪亮的黑色精细被毛，没有里层被毛

逐渐变细的刷状长尾巴

长长的四肢

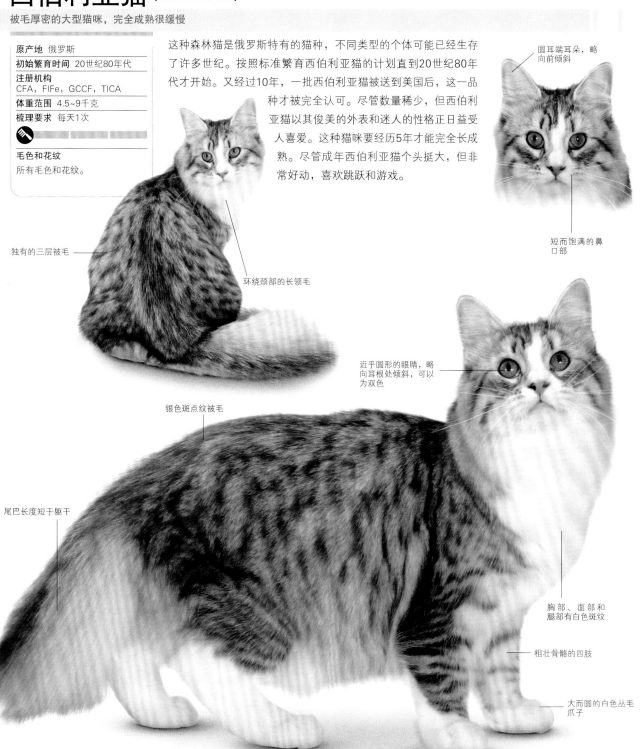

西伯利亚猫（SIBERIAN）

被毛厚密的大型猫咪，完全成熟很缓慢

原产地	俄罗斯
初始繁育时间	20世纪80年代
注册机构	CFA，FIFe，GCCF，TICA
体重范围	4.5~9千克
梳理要求	每天1次

毛色和花纹

所有毛色和花纹。

这种森林猫是俄罗斯特有的猫种，不同类型的个体可能已经生存了许多世纪。按照标准繁育西伯利亚猫的计划直到20世纪80年代才开始。又经过10年，一批西伯利亚猫被送到美国后，这一品种才被完全认可。尽管数量稀少，但西伯利亚猫以其俊美的外表和迷人的性格正日益受人喜爱。这种猫咪要经历5年才能完全长成熟。尽管成年西伯利亚猫个头挺大，但非常好动，喜欢跳跃和游戏。

圆耳端耳朵，略向前倾斜

短而饱满的鼻口部

独有的三层被毛

环绕颈部的长领毛

近乎圆形的眼睛，略向耳根处倾斜，可以为双色

银色斑点纹被毛

尾巴长度短于躯干

胸部、面部和腿部有白色斑纹

粗壮骨骼的四肢

大而圆的白色丛毛爪子

涅瓦河假面猫（NEVA MASQUERADE）

华丽的重点色猫咪，长有超厚的被毛

原产地	俄罗斯
初始繁育时间	20世纪70年代
注册机构	FIFe
体重范围	4.5~9千克
梳理要求	每周2~3次

毛色和花纹
各种重点色，包括海豹色、蓝色、红色、奶油色、斑纹和玳瑁色。

这种猫咪是西伯利亚猫（见179页）的重点色品种，是有着悠久历史的俄罗斯森林猫。涅瓦河假面猫以流经俄罗斯圣彼得堡（该猫的初始繁育地）的涅瓦河而命名。它壮实的体格将力量与温柔集合于一身，是卓越的宠物，特别以亲近儿童而出名。涅瓦河假面猫超厚的被毛有两层里被毛，但并不易缠绕打结，只要定期梳理，保持良好状态并非难事。

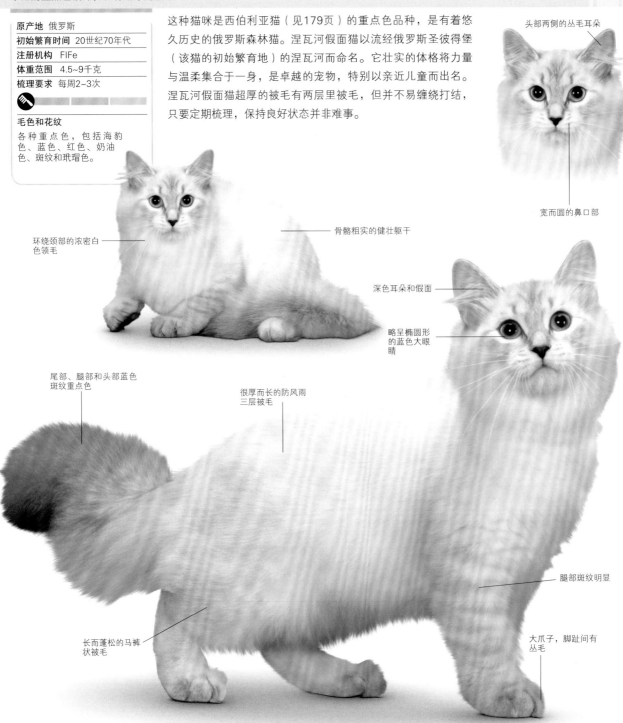

头部两侧的丛毛耳朵

宽而圆的鼻口部

环绕颈部的浓密白色领毛

骨骼粗实的健壮躯干

深色耳朵和假面

略呈椭圆形的蓝色大眼睛

尾部、腿部和头部蓝色斑纹重点色

很厚而长的防风雨三层被毛

腿部斑纹明显

长而蓬松的马裤状被毛

大爪子，脚趾间有丛毛

麦肯奇猫（MUNCHKIN）

热爱生活、忠于主人的短腿猫咪

原产地	美国
初始繁育时间	20世纪80年代
注册机构	TICA
体重范围	2.5~4千克
梳理要求	每周2~3次

毛色和花纹

所有毛色、阴影色和花纹。

麦肯奇猫的超短四肢是偶然性基因突变的结果。它看来避开了有时与短腿犬种如腊肠犬相关的脊柱问题，贴地的矮身材也并未限制它的机动灵活。事实上，麦肯奇猫能跑得飞快，精力充沛而好嬉戏，这种信心十足而好奇的猫咪是爱好交际的家庭宠物。除了半长丝滑被毛品种，麦肯奇猫还有短毛品种（见100、101页），两者都有着丰富多样的毛色和花纹。长毛麦肯奇猫的被毛需要定期梳理，以防缠结。

扁平前额

间距很大的胡桃状金色眼睛，表情警觉

健壮的躯干

突出的胡须垫

非常短的四肢

耳端略圆的耳朵

界线清晰的颧骨

柔软丝滑的防风雨被毛

尾部长度与躯干一样，尾尖

从肩部向臀部略微倾斜的背部

粗浓的马裤状被毛

拿破仑猫（NAPOLEON）

这种矮身材、圆滚滚的猫咪长有奢华的被毛

原产地	美国
初始繁育时间	20世纪90年代
注册机构	TICA
体重范围	3~7.5千克
梳理要求	每天1次

毛色和花纹

所有毛色、阴影色和花纹，包括重点色。

壮实的矮身材拿破仑猫是杂交猫种，人们刻意繁育这一品种，将麦肯奇猫（见181页）的极短四肢和波斯猫（见136~155页）的奢华被毛结合起来。拿破仑猫还有重点色被毛品种和短毛品种。尽管身材低矮，但这种猫咪非常活跃，个性十足。波斯猫的基因影响使拿破仑猫喜欢像卧膝猫一样消磨时光，虽不过分苛求，但还是愿意人们对它体贴备至。

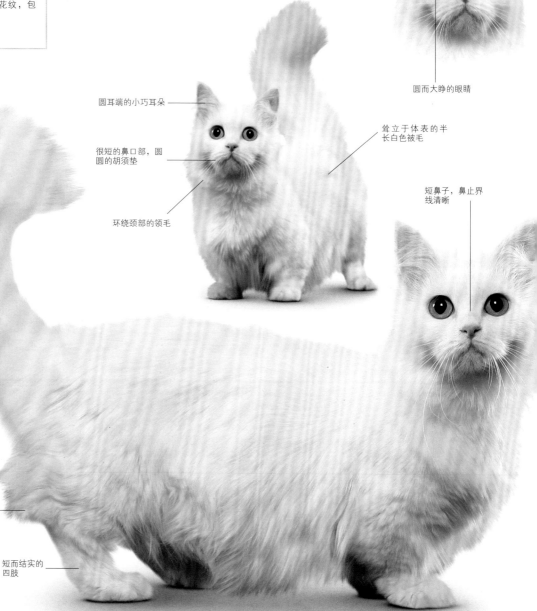

圆形头部，颧骨饱满

圆而大睁的眼睛

圆耳端的小巧耳朵

竖立于体表的半长白色被毛

很短的鼻口部，圆圆的胡须垫

环绕颈部的领毛

短鼻子，鼻止界线清晰

长长的羽状尾巴

粗浓的马裤状被毛

短而结实的四肢

苏格兰折耳猫（SCOTTISH FOLD）

富有魅力而爱好交际的猫咪，长着讨人喜欢的"猫头鹰脸"面容

原产地	英国/美国
初始繁育时间	20世纪60年代
注册机构	CFA，TICA
体重范围	2.5~6千克
梳理要求	每周2~3次

毛色和花纹

许多单色和阴影色；大多有斑纹、玳瑁色和重点色花纹。

这一稀有品种和它的短毛亲属（见106、107页）的紧紧下折的耳朵是基因突变导致的结果，而其他猫咪则没有这种基因突变。苏格兰折耳猫源于一只折耳苏格兰农场猫，在英国因为与其基因相关的健康问题而不被主要猫种登记机构认可，而在美国则顺利注册。苏格兰折耳猫多样的被毛颜色来自频繁的异型杂交，包括被选来培育这一品种的非纯种家猫。这种猫咪的厚被毛长度不一，厚厚的领毛和硕大的羽状尾巴强化了被毛的厚度效果。

圆圆的金色眼睛

突出的胡须垫

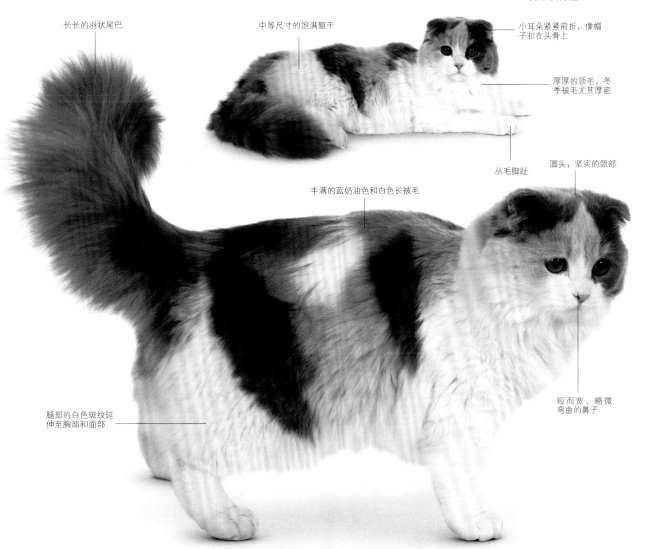

长长的羽状尾巴

中等尺寸的饱满躯干

小耳朵紧紧前折，像帽子扣在头骨上

厚厚的领毛，冬季被毛尤其厚密

丛毛脚趾

圆头，坚实的颌部

丰满的蓝奶油色和白色长被毛

短而宽、略微弯曲的鼻子

腿部的白色斑纹延伸至胸部和面部

羽毛状长尾巴

适度健壮而修长的躯干

白色被毛，带海豹玳瑁色重点色

丛毛耳朵向后卷起

胡桃状眼睛

圆鼻口部

中等长度的四肢

丝滑精细的被毛，几乎没有里层被毛

美国卷耳猫（AMERICAN CURL）

有着非常独特的后卷耳朵的稀有猫咪

原产地	美国
初始繁育时间	20世纪80年代
注册机构	CFA, FIFe, TICA
体重范围	3~5千克
梳理要求	每周1次

毛色和花纹
所有单色和阴影色；花纹包括重点色、斑纹和玳瑁色。

美国卷耳猫源于1981年美国加利福尼亚州的一个家庭在街边收养的一只流浪猫，这只流浪雌猫有一身黑色的长被毛和一双奇特的卷耳，后来又产下了一窝卷耳幼猫，这种罕见的基因突变现象引起了繁育者和基因学家的广泛兴趣。随后，美国卷耳猫的有计划繁育项目异常迅速地开展起来，包括长毛品种和短毛品种（见109页），这一新猫种的未来明朗起来。美国卷耳猫的耳朵或多或少地向后弯曲，理想的弧形状态为90°~180°。耳软骨坚实而不松软，耳形绝不能人为控制。所有的美国卷耳幼猫在出生时都是直耳，但其中约50%在几天内开始形成独特的卷耳，在3~4月龄时长成完整的弧度。那些保持直耳的美国卷耳猫在繁育计划中也具有价值，可以用来帮助美国卷耳猫保持基因健康。

长毛美国卷耳猫的被毛贴身丝滑，几乎没有里层被毛，令梳理容易并鲜有褪毛。它的另一装饰是可爱的羽毛状长尾巴。

美国卷耳猫聪明友爱，警惕性高，吸引人的性格使其成为优秀的家庭宠物。它虽然性格温和，叫声柔弱，但纠缠主人关注时一点也不羞涩。

高地猫（HIGHLANDER）

这一外形引人注目的稀有猫咪热爱家庭，喜欢嬉闹

原产地	北美
初始繁育时间	2000—2009年
注册机构	TICA
体重范围	4.5~11千克
梳理要求	每天1次

毛色和花纹

所有毛色，任何斑纹，包括重点色。

长毛高地猫的被毛厚而近乎粗浓，使其看起来像小型猞猁，尽管繁育计划中并无野生猫种参与。作为猫咪世界里的卷耳新猫种，长毛高地猫体格大而健壮，但跑动起来动作优美，充满生机和活力。它不满足于充当背景，会不停地缠绕主人和其他宠物来要求玩耍。但长毛高地猫也是能与孩子融洽相处的温柔、亲和的猫咪。它厚重的被毛需要定期梳理以防缠结，短毛高地猫（见108页）的被毛则很容易打理。

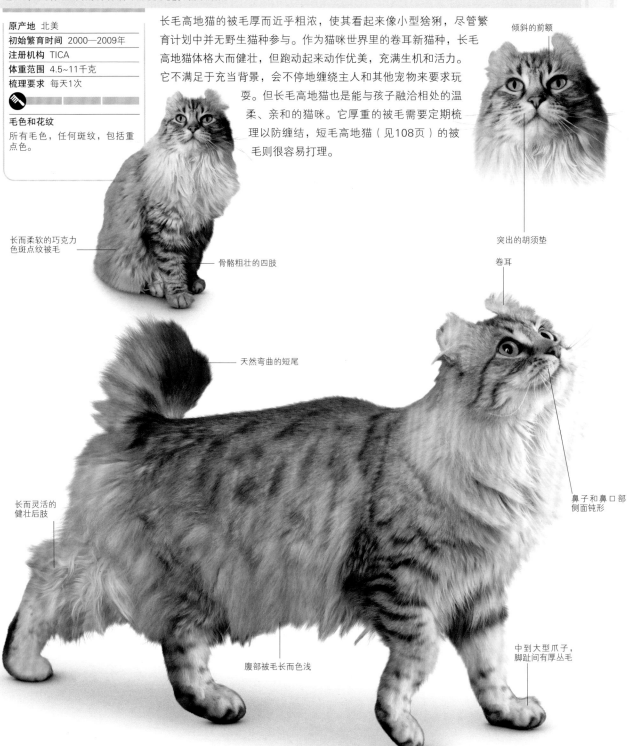

倾斜的前额

长而柔软的巧克力色斑点纹被毛

骨骼粗壮的四肢

突出的胡须垫

卷耳

天然弯曲的短尾

长而灵活的健壮后肢

腹部被毛长而色浅

鼻子和鼻口部侧面钝形

中到大型爪子，脚趾间有厚丛毛

日本短尾猫（JAPANESE BOBTAIL）

这种猫咪总是活动不停，叫声不断，好奇心很盛

原产地	日本
初始繁育时间	约17世纪
注册机构	CFA，TICA
体重范围	2.5~4千克
梳理要求	每周2~3次

毛色和花纹

所有单色被毛，双色、斑纹和玳瑁色花纹。

日本短尾猫的长毛品种和短毛品种（见110页）似乎作为日本最受人欢迎的宠物已有数百年的历史。20世纪60年代，第一批这种超凡魅力的罕见猫种被输送往美国，该品种的现代繁育计划从此开始。日本短尾猫富有爱心，也为人们所喜爱，但外向而活跃的性格不适合需要膝头卧猫的主人。它羽毛状的短尾有多种变体，能向任何方向弯曲。长毛日本短尾猫的被毛柔软贴顺在躯干上，相对容易梳理。

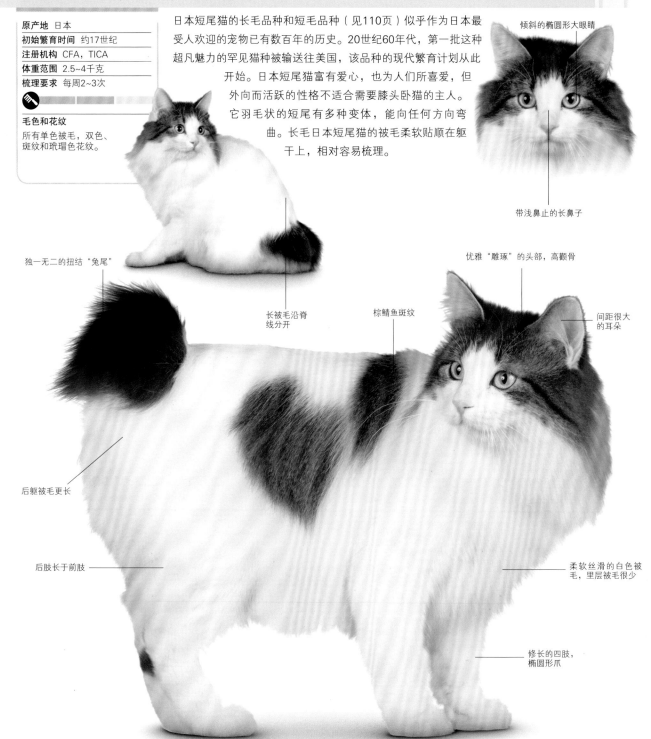

倾斜的椭圆形大眼睛

带浅鼻止的长鼻子

独一无二的扭结"兔尾"

长被毛沿脊线分开

棕鲭鱼斑纹

优雅"雕琢"的头部，高颧骨

间距很大的耳朵

后躯被毛更长

后肢长于前肢

柔软丝滑的白色被毛，里层被毛很少

修长的四肢，椭圆形爪

千岛短尾猫（KURILIAN BOBTAIL）

珍稀的短尾猫种，在陪伴和关爱下茁壮成长

原产地 北太平洋的千岛群岛	
初始繁育时间 20世纪（现代品种）	
注册机构 FIFe，TICA	
体重范围 3~4.5千克	
梳理要求 每周2~3次	

毛色和花纹
大多数单色、阴影色和花纹，包括斑纹。

这种非常俊美的猫咪得名于北太平洋的千岛群岛，据说那是它的起源地。自从20世纪50年代，这一品种和短毛品种（见111页）在俄罗斯大陆一直流行，但在其他地区不常见，在美国更是罕见。千岛短尾猫热爱家庭生活，尽管有独立的个性，却从来不满足主人的关爱体贴。

明亮的金色椭圆眼睛

突出的胡须垫

躯干大而紧凑，比例匀称

扭结的短尾

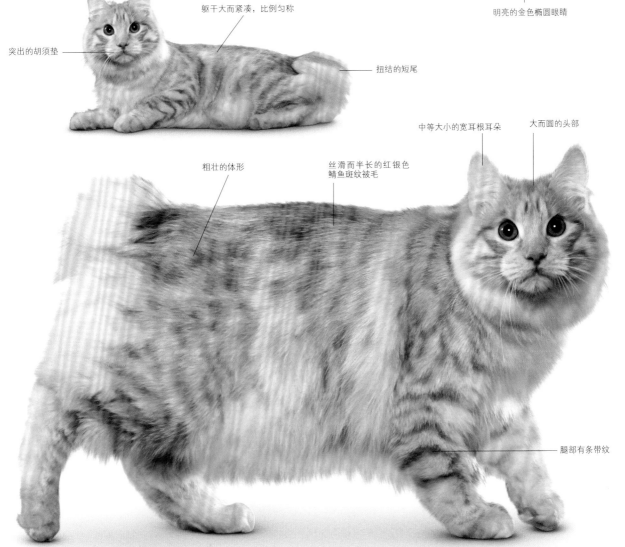

粗壮的体形

丝滑而半长的红银色鲭鱼斑纹被毛

中等大小的宽耳根耳朵

大而圆的头部

腿部有条带纹

短尾

被多层毛色屏蔽的棕色斑点纹

略圆的耳端，带短丛毛

位于头骨后的耳朵

特有的深色面部斑纹

突出的胡须垫

腹部被毛较长

粗壮的四肢

多脚趾症的大爪子

被毛上的小斑点顺椎骨融合

北美短尾猫（PIXIEBOB）

这种大猫咪很像北美的野生短尾猫

原产地	美国
初始繁育时间	20世纪80年代
注册机构	TICA
体重范围	4~8千克
梳理要求	每周2~3次

毛色和花纹

只认可棕色斑点纹。

这一相对较新的品种与北美太平洋海岸山脉的土生短尾猫有相似的外貌。这种近似是人类刻意而为的，繁育者专门培育北美短尾猫的某些特征，以迎合正趋流行的时尚——具有野性祖先外貌的家猫品种。北美短尾猫的猞猁样特征包括：耸立于体表的斑点纹双层厚被毛；丛毛耳朵；浓眉；面部长成连鬓胡子状的被毛；尾巴长度各异，可能呈刷子状且较长。只有短尾猫品种才有资格参加猫展。北美短尾猫的短毛品种（见116页）也给人以同样的野生猫外形错觉。

北美短尾猫的奠基雄种猫是一只很高的短尾斑纹猫，它与一只普通雌家猫交配繁育，产下的短尾幼猫外貌特别，其中一只名为"小精灵"（Pixie），后来被用作该品种的正式名称。

北美短尾猫有着健壮的体格、自命不凡的神态，活跃而好动，但也有安静的时候。爱好交际的它很乐意于习惯家庭生活，喜欢与大一些的孩子玩耍，通常能容忍其他宠物。它也喜欢与人相处并享受戴牵绳的户外散步。

家族特征

图中的幼猫有着猫妈妈（右）的短被毛和遗传自长毛猫爸爸的短尾和多趾特征，这是唯一被允许参展的多趾畸形猫咪品种。

威尔士无尾猫（CYMRIC）

优秀的家庭伴侣，性格安静，也乐于玩耍

原产地 北美	
初始繁育时间 20世纪60年代	
注册机构 FIFe，TICA	
体重范围 3.5~5.5千克	
梳理要求 每周2~3次	

毛色和花纹
所有毛色、阴影色和花纹。

威尔士无尾猫繁育于加拿大，是无尾曼岛猫（见115页）的长毛品种。其身躯圆而健壮，有时被叫作长毛曼岛猫，它与曼岛猫的唯一区别在于柔软被毛的厚度。肌肉发达的后躯和长后肢使得威尔士无尾猫弹跳有力，能轻而易举地跃上高处。它性情友爱，常与人类家庭结成亲密关系，是聪慧而有趣的伴侣，喜欢主人充分的关爱。

突出的胡须垫

环绕颈部的领毛延伸至肩部

后肢上的马裤状被毛

下肢被毛短

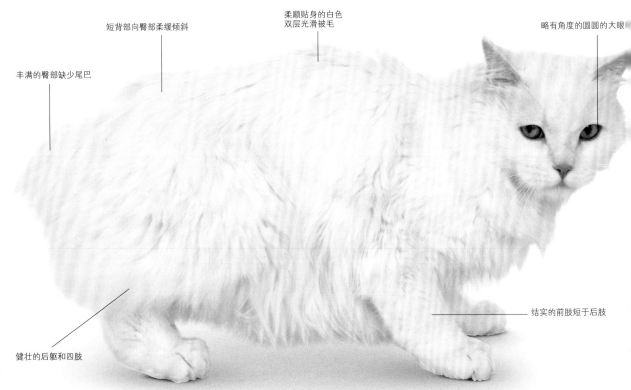

短背部向臀部柔缓倾斜

柔顺贴身的白色双层光滑被毛

略有角度的圆圆的大眼

丰满的臀部缺少尾巴

健壮的后躯和四肢

结实的前肢短于后肢

美国短尾猫（AMERICAN BOBTAIL）

野生猫的外形，热爱家庭的个性

原产地	北美
初始繁育时间	20世纪60年代
注册机构	CFA, TICA
体重范围	3~7千克
梳理要求	每周2~3次

毛色和花纹
所有毛色、阴影色和花纹。

根据一种广为人们接受的说法，这种真正的美国本土猫种的起源可以追溯到在美国各州游荡的天然短尾野猫。美国短尾猫有着野生猫的警觉神态，但性格温和，是很好的家庭宠物。它体格硕大健壮，还有一个短毛表亲（见113页）。美国短尾猫以容忍孩子和对人（甚至陌生者）保持安静友好的态度而著称。它的长被毛不易打结，只需要适度梳理。

眼睛上方清晰的眉毛

警觉的"野猫"神情

巧克力色斑点纹被毛

略微弯曲的短尾

大而深的、近乎杏仁状的眼睛

不缠结的经典棕色斑纹被毛，易于梳理

结实健美的躯干

臀部与胸部齐宽

突出的胡须垫

四肢骨骼粗壮

塞尔凯克卷毛猫（SELKIRK REX）

这种猫咪有着豪放的卷毛，还有让人忍不住想抱的趣味个性

原产地	美国
初始繁育时间	20世纪80年代
注册机构	CFA，TICA
体重范围	3.5~5千克
梳理要求	每周2~3次

毛色和花纹

所有毛色、阴影色和花纹。

塞尔凯克卷毛猫起源于一只有着怪异卷曲被毛的雌性幼猫，人们在美国蒙大拿州一家动物救助中心的一窝幼猫中发现了它，其余幼猫都有正常被毛。人们出于好奇接受了这只幼猫并用它继续繁育卷毛后代，从而奠定了塞尔凯克卷毛猫的品种根基。通过与波斯猫和其他短毛品种的计划交配，人们培育出了长毛塞尔凯克卷毛猫和它的短毛表亲（见124、125页）。这种性格温柔而安静的猫咪让人一看到就不由得想搂抱，好在它也非常喜欢接受关爱。长毛塞尔凯克卷毛猫的被毛需要定期梳理，但主人应该避免过分用力，以免拉直了它那可爱的卷毛。

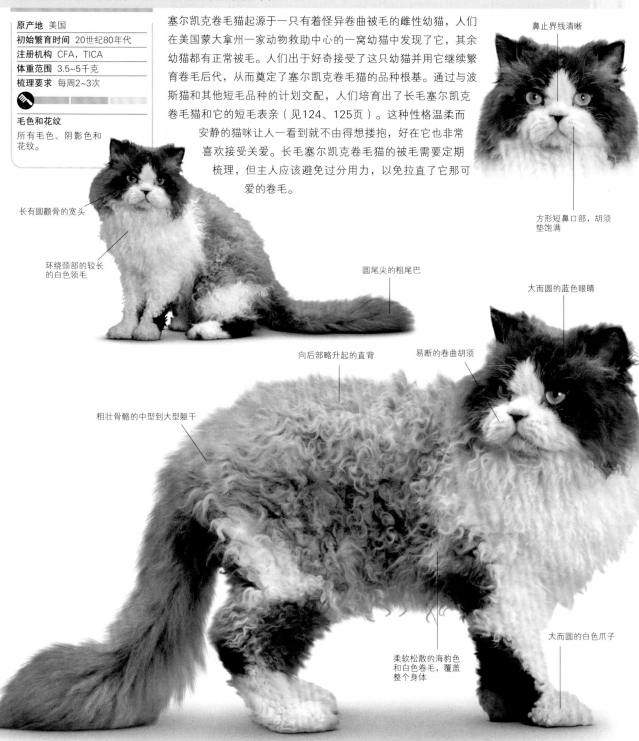

鼻止界线清晰

方形短鼻口部，胡须垫饱满

长有圆颧骨的宽头

环绕颈部的较长的白色领毛

圆尾尖的粗尾巴

大而圆的蓝色眼睛

向后部略升起的直背

易断的卷曲胡须

粗壮骨骼的中型到大型躯干

柔软松散的海豹色和白色卷毛，覆盖整个身体

大而圆的白色爪子

乌拉尔卷毛猫（URAL REX）

这种还不太为人所知的卷毛猫品种据说性格安静，对家人友好

原产地	俄罗斯
初始繁育时间	20世纪40年代
注册机构	其他
体重范围	3.5~7千克
梳理要求	每周2~3次

毛色和花纹
各种毛色和花纹，包括斑纹。

尽管直到20世纪很晚的时候才被广泛认可，但乌拉尔卷毛猫可能是卷毛猫里历史最久的品种之一，据信自从20世纪40年代就生存在俄罗斯的乌拉尔地区。长毛乌拉尔卷毛猫有着覆盖全身的中等长度的卷曲被毛，它还有短毛表亲（见122页），两者都属稀少品种。实验性繁育表明，造成乌拉尔卷毛猫卷曲被毛的基因突变完全不同于人们在其他更常见的卷毛品种，如柯尼斯卷毛猫（见126、127页）和德文卷毛猫（见128、129页）身上发现的基因突变。

圆耳端

倾斜的椭圆形大眼睛

显著的颧骨

相对较短的修长健壮的躯干

苗条的四肢

锥形尾巴，圆尾尖

白色椭圆形爪

短而宽的楔形头部

半长巧克力色被毛，松散而富有弹性的卷毛

拉波猫（LAPERM）

这种聪颖而迷人的猫咪非常喜欢与人类为伴

原产地	美国
初始繁育时间	20世纪80年代
注册机构	CFA，TICA
体重范围	3.5~5千克
梳理要求	每周2~3次

毛色和花纹

所有毛色、阴影色和花纹。

昔日，美国俄勒冈州的一只普通农场猫产下一窝卷曲被毛幼猫，由此拉开了拉波猫繁育历史的序幕。这种毛粗浓却外形优雅的猫咪长有独一无二的被毛，或者柔软卷曲，或者富有弹性，变化多端。它还有短毛品种（见123页）。拉波猫四肢长而灵巧，活泼好动，正玩游戏时也会乐于顺应主人而安然卧于膝上。这种猫咪几乎没有里层被毛，极少褪毛，被毛不易缠结，所以不难梳理，定时打理是使其卷毛保持良好状态的最佳方式。

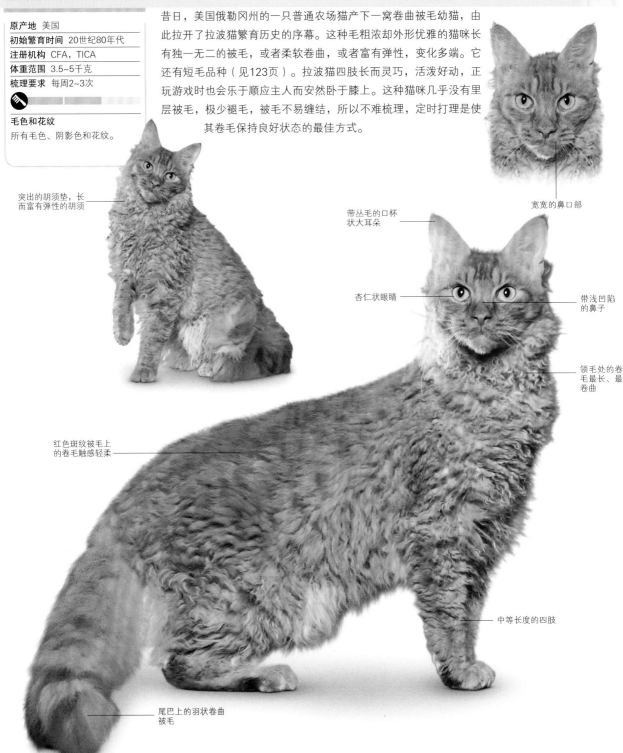

宽宽的鼻口部

突出的胡须垫，长而富有弹性的胡须

带丛毛的口杯状大耳朵

杏仁状眼睛

带浅凹陷的鼻子

领毛处的卷毛最长、最卷曲

红色斑纹被毛上的卷毛触感轻柔

中等长度的四肢

尾巴上的羽状卷曲被毛

长毛家猫（HOUSECAT—LONGHAIR）

不考虑它们的祖先，这些猫咪有着无法否认的魅力

非纯种长毛家猫不像短毛家猫那么常见。其中一些的血统起源很明显，比如浓密柔软的里层被毛、粗短而结实的躯干和圆而平的脸庞遗传自波斯猫；而另外一些猫咪则有着令人困惑的多变的被毛长度、混合毛色和花纹，其祖先仍是个谜。长毛家猫极少有秀展上常见的奢华被毛，但许多都长相美丽。

棕色斑纹
长毛容易模糊斑纹。图中这只半长被毛猫咪呈现出经典斑纹，在较短被毛上则显现为界线清晰的深色涡状花纹。

淡色的斑纹

绿金色眼睛

领毛上有褐色

奶油色和白色
奶油色——被冲淡的红色——是普通家猫的少见毛色。图中的这只猫咪长有"幽灵"斑纹，这是猫迷们想在纯种猫身上去除的特征，因此他们只繁育最淡的奶油色被毛品种。

黑色
墨黑色是长毛家猫的第一种流行色。随机杂交的家猫的被毛上可能有轻微的棕色或斑纹痕迹。

体表中等长度的厚被毛

红白色斑纹
大多数红色斑纹家猫的主人会把他们的猫咪叫作"姜黄色"猫咪，这种毛色是人们苦心追求的，非纯种猫的这种毛色经常会和纯种猫一样浓重。

圆形脸庞表明波斯猫的基因影响

银白色
银色是白色被毛加上较深的毛尖色生成的效果，极少见于家猫。根据毛尖的色度，纯种猫的银色被毛有时称为金吉拉色（银灰色）。

诱人的混合
长毛家猫即便不是纯种血统，也能在猫展上大放异彩。许多引人注目的家猫集混合毛色和奢华的长被毛于一身，这往往是其繁育历史上与波斯猫杂交的结果。

护理和行为训练

CARE AND BEHAVIOUR

迎接准备（PREPARING FOR ARRIVAL）

你的住宅准备好迎接猫咪了吗？在带新的宠物回家之前，认真地查看住宅内外并提问自己以下几个关键问题：有没有我不想让猫咪光顾的地方？有没有对猫咪构成危险的东西？拥有猫咪后，我和家人的某些生活习惯需要改变吗？其实只要稍加准备，你就能将住宅转变为新到猫咪的安全环境。

一只小猫意味着
生活的改变

时刻意识到猫咪的存在

猫咪好奇心强且活泼爱动，在检查房间时要时刻牢记这一点。如果你定时开启门窗，要考虑猫咪是否会溜走或进入你不想让它去的地方，必要时可以关闭门窗。你还要在穿越门户时留意身后，因为猫咪会轻松从你脚旁的缝隙溜进或跑出去。在不使用时，要合好洗衣机和干衣机的盖子；在开启机器前，要检查猫咪在何处。

室内安全

猫咪喜欢攀爬，所以要把易碎和贵重的物品从它能跳上的矮桌子或书架上移开。注意那些能让你的猫咪爬上高的书架或工作台的路径并移走相应的家具。凳子、落地灯、墙上挂物和窗帘对猫咪来说都是可攀爬之物。可以考虑暂时在你想让猫咪远离的家具的边缘放置双面胶、塑料护板或铝箔片，直到猫咪学会不触碰这些东西，因为猫咪不喜欢这些质地的东西，会尽量避免踩到它们。攀爬和抓挠是猫咪完全自然的行为，所以要保证给猫咪提供这些行为的发泄方式和装置，比如磨爪柱和让它安全攀爬的物品。要小心不乱放小物品，如小玩具、瓶盖、笔帽和橡皮等，猫咪会吞下它们而导致窒息。收好家用电器的悬垂电线，猫咪就不会把台灯或熨斗扯向自己。给不用的插座

> **重要提示**
>
> 家用化学物品对猫咪是明显的威胁物，要安全封闭并置于猫咪够不到的地方。清理干净药片，还要检查任何对猫咪有毒的产品，比如地毯清洁剂和杀虫喷雾剂。在猫咪能进入的车库和工具棚需做同样的防范工作。甚至看似无害的物品也会对猫咪构成威胁，因为一有东西粘在被毛或爪子上它们就会本能地去舔舐干净。

纱窗
安装纱窗可以在天热时通风换气，但要确保猫咪不会溜走。

户外威胁

狐狸

蛇类

其他猫咪

焰火

日光灼伤（白猫）

天生好奇
猫咪会到处探究能触及的任何东西，因此要保证它无法进入碗橱，一定要放置好锋利的刀、剪、别针和大头钉。

安装儿童保护盖。

户外安全

　　在评估了居室安全状况之后，还要实施花园和庭院的安全检查：移除锋利和潜在危险的物品，阻隔朝向工具棚和温室的通道。即使你努力防范入侵你花园的动物，还是会有一些对猫咪有威胁的"不速之客"光顾。狐狸通常忌惮成年猫咪和它们的利爪，但会伤害小猫。在有些地区，蛇类也是个问题，因为猫咪会捕食它们，在这一过程中有时会受伤。你可以在市场上购买一些对猫咪有用的驱蛇产品。在你的爱猫和邻家的猫咪打

架后，一定要仔细查看是否有需要兽医处理的伤口。在都市，最大的危险来自交通意外，务必尽力使猫咪远离街道。

危险的植物

　　有些植物（如下图所示）如果猫咪吃了会中毒，记住把它们从花园中移走。不要把居室植物放在地板和矮桌上。用碎石或卵石盖住花土以防猫咪刨挖。如果猫咪非要在屋内啃咬一些东西，从苗圃购买一些特殊的猫咪用草本植物，并与其他植物分开放置，以免混淆。

危险植物

室内：
- 花叶万年青
- 仙人掌
- 猩猩木
- 盆栽球状番红花
- 水仙花
- 槲寄生
- 百合花
- 喜林芋

户外：
- 杜鹃花
- 八仙花属植物
- 茄属植物
- 夹竹桃
- 烟草
- 西红柿叶
- 土豆叶
- 杜鹃花属植物
- 紫杉
- 附子

猫咪用具

如果你是养猫新手，就需要为爱猫的舒适生活与健康购置一定数量的用具，包括猫床、猫砂盘、食碗、水碗和磨爪柱等。有时你会忍不住寻觅最新的猫咪"必备"用品，但一定要认真考虑你的爱猫是否真的需要这些东西。开始的时候要购买你预算内的优质但必需的产品，因为在爱猫身上的花费会很快增加，可以在日后再考虑购买更复杂、昂贵的物品。

猫床和寝具

猫咪会在任何喜欢的地方小憩，但像大多数动物一样，它们喜欢专属于自己的领地。你可以选择一个圆形或椭圆形、容易清洗且不太大的软边床；如果猫咪还处于幼年期，可以添加毛毯或旧垫子。

吊床
图中悬挂于散热器上的猫床给猫咪提供了一个温暖舒适的卧榻。

篮子形猫床

帐篷形猫床

猫床
猫床款式多样，如果知道加入你家庭的猫咪以前使用的猫床类型，就选那个款式；如若不然，就用心选择一种与你知晓的猫咪性格匹配的猫床。

猫砂盘

敞开型、封闭型、手工型、自动型、自我清洁型——猫砂盘的选择完全取决于你，但如果你养了一只成年猫，要坚持使用它熟悉的猫砂盘。比如，一只习惯了封闭型猫砂盘的猫咪不会情愿换用敞开型猫砂盘。要经过多次尝试，你才能选择出合适的猫砂盘，不但猫咪爱用，也满足你容易清洗的要求。你可以在猫砂中添加除味剂，包括喷雾剂、粉剂或颗粒剂；要避免使用有香味的产品，因为它会妨碍猫咪使用猫砂。最好的除味剂利用酶类分解气味。你可以使用塑料铲子铲走猫咪的便溺形成的块状物，铲子每次使用后要清洗。

猫砂盘

铲子

黏土

纤维颗粒

选择哪种猫砂？

■ 询问繁育者你买的幼猫习惯用哪种猫砂，并坚持使用同种物质。

■ 黏土是常用的猫砂材料，因其吸水快，而且其中的粪便凝块容易清除。

■ 纤维颗粒吸水性很强，而且可生物降解。

■ 非吸水性猫砂材料需要同特殊材质的猫砂盘合用，以便猫尿能被收集。排泄物需要移除和处理，但猫砂可以清洗后再使用。

■ 泥土和沙子是大多数猫咪喜欢使用的猫砂材料，但它们不适合公寓或没有花园的家庭使用，因为它们的存放很占空间，而且不能生物降解。

食碗和水碗

　　猫咪用的碗具应当结实而稳固，在它踏上时也不会翻倒；不宜太深，宽度要大于猫咪的胡须。在猫咪吃完食物后，你要将残存的湿食物清理掉，并每天洗刷碗具至少一次。如果你喂猫咪罐装猫粮，要另买一只开罐器，专门用于开启猫粮，还要用塑料盖子封好冰箱中未吃完的罐装猫粮。市场上还出售定时自动喂食的机器，在猫咪进食时间它会自动开启投食，如果你要外出而又不想改变猫咪的进食规律，这是一个很有用的装置。

塑料碗

不锈钢碗

食碗
有许多猫咪食碗可供选择，要确保购买容易清洗的产品。橡胶底座可以防止猫咪进食的时候食碗滑翻。

磨爪柱

　　如果你不想让家具或地毯遭殃，很有必要给猫咪提供一个可以抓挠磨爪的用具，因为猫咪需要每天抓挠来磨砺爪子的外鞘，这也是它标记领地的方式。磨爪柱通常由粗毯包裹的平底基座和一个线绳缠绕的竖杆组成，顶部是粗毯包裹的平台（见235页）。要保证柱子足够高，至少30厘米，以便猫咪能充分仲展抓挠。将磨爪柱放在猫咪通常睡觉的地方，因为猫咪一醒来就会伸展懒腰并抓挠不停。

项圈和身份标签

　　给猫咪戴上芯片标签非常重要，这种微型装置像米粒般大小，由兽医植入到猫咪颈部背后的松弛皮肤中。每个芯片都有一个可由读卡器扫描探测到的专有号码，当号码被输入数据库后，你的详细联系方式会显示出来。如果你在室内养了一只猫咪，给它植入芯片很有必要，因为猫咪很擅长逃走，也会利用开启的窗户或未关好的猫咪旅行箱而溜走。所有户外喂养的猫咪都应当戴上项圈，上面带有你的姓名、住址、电话号码或电子邮箱地址的身份标签。项圈要足够松弛而能容下你的两根指头，许多项圈有弹性部分或速启开关，如果项圈绊住能让猫咪挣脱。

猫咪旅行箱

　　猫咪旅行箱是运输猫咪的安全用具，无论是塑料、铁丝或篮状器具，都应当让猫咪有自由回转的余地，里面可以铺上毛毯或垫子使猫咪温暖舒适。为了让猫咪习惯进入猫咪旅行箱，可以将猫咪旅行箱开启并放在它能接近的地方，将其当作庇护所。如果猫咪视猫咪旅行箱为安全之地，它会愿意待在里面随主人旅行，即便是到兽医那里去。

猫咪旅行箱

猫咪旅行箱标准
好的猫咪旅行箱很容易进出，它能挡住猫咪，但会透进充足的新鲜空气和光线，并让猫咪看到外部世界。

项圈

光碟标牌　　吊坠　　猫铃

项圈和标签
项圈是户外喂养型猫咪的必需品，主人的身份会刻在光碟标牌上或封在吊坠里。猫铃会警示猫咪的接近从而保护鸟类。

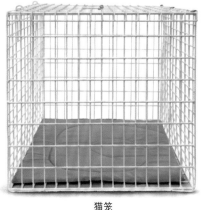
猫笼

猫笼选择
如果你的猫咪不喜欢被猫咪旅行箱所束缚，可能敞开的猫笼更为适合它。猫咪旅行箱能在汽车座椅上安装，而猫笼需要在大型汽车后部放置牢稳。

新的家庭成员

初到新家（FIRST DAYS）

对刚被主人带回家的猫咪来说，搬到新家就像人类搬迁一样，都是个陌生的经历。尽管猫咪会很快适应新环境，但你还是应该努力使它在新家的最初几天尽可能平静而无压力。为做到这一点，全家一起探讨一些准备计划和行动会帮助猫咪感到轻松。

考虑在先

要计划选择一个家中非常安静的日子将猫咪带回，这样你就能全身心地呵护它。如果你有孩子，向他们解释清楚家中的新宠物最初会感到害怕，应当给予时间让它适应家庭成员，不要让他们对家中的"新丁"过分兴奋。如果你以前从未养过家庭宠物，要让孩子明白猫咪不是玩具，在最初几天它需要安静。

运送猫咪

你的猫咪需要一个牢固的盒子或旅行箱来被安全运输。如果可能，在箱内放一件它的床上用品以使它识别出熟悉的味道。如果需要，盖好箱子使它只能从一端往外看，这样可以减少焦虑感。用安全带将箱子固定在汽车座椅上或将其放置在搁脚的位置，以防你突然刹车时猫咪被向前猛抛。

欢迎回家

到达家中时，将猫咪带进它最初几天要待的房间，最好在稳定状况之前限制它留在一到两个房间里，还要检查确认所有的门窗都关好。如果你已经有其他宠物，确保它们在另外一个房间不妨碍猫咪。把箱子放在地板上并打开箱门，让猫咪试探着走出来，你要有耐心，不要自己动手把它抱出来。好奇心会最终吸引猫咪而让它走出箱子，开始探索新世界。

重要提示

有些猫咪比其他猫咪更胆大。如果你的猫咪迅速离开旅行箱并显得信心十足，可以试着给它一个玩具，陪它玩上一会儿。这样做有助于打破僵局，让你的猫咪在新家中感觉更惬意。

第一步
如果你让猫咪自觉自愿走出来，它会感到掌控了局面；如果你强迫它出来，只会制造焦虑感。

帮助猫咪掌握生活窍门

猫咪适应环境的内容包括引领它熟悉新生活的基本要素：它的睡篮、猫砂盘、喂食机和磨爪柱等。确保这些物品放置在猫咪容易找到之处，但要避开家中的繁忙区域。最好一开始就让它学习使用猫砂，如果运气好的话，你的猫咪能马上使用。如果猫砂在一个单独的房间，要让猫咪能找得到。喂食碗具应当放置在一个容易清理溅出物的地方。

会晤家人

你的确很难阻止小孩子靠近新到家的猫咪，因为它们那么可爱喜人，但太多的叫嚷、尖叫和奔跑可能会吓坏猫咪，要让孩子们理解这一点。教会孩子们如何正确爱抚猫咪（见216页），让他们抚摸或拥抱它；但如果猫咪开始看起来不高兴，你要马上干预并控制局面—— 一次严重的抓挠可能使孩子长时间远离新宠物。或许你可以考虑给孩子们提供游戏活动或奖励，以便他们在认识新宠物之后的一两个小时内不要干涉猫咪而使其困惑。你还要让孩子们意识到他们留在地板上的东西可能对新来的小猫咪很危险，比如小玩具等；还有从现在起他们到哪里都要留心脚下，以免踩到猫咪。

我叫什么名字？

仔细想想给猫咪起个什么名字。猫咪对一到两个音节的短名字反应最佳，要确认这个名字的发音与其他任何宠物甚至家庭成员的名字都不相同，这样猫咪就能识别自己的名字并呼之即来。

介绍新宠物

给孩子介绍新来的猫咪时，要始终抱紧它。孩子们需要学会如何触摸宠物，让他们照你的方法学习。

坚持原则

从一开始就建立基本原则，尤其是进食和睡眠。如果你从自己的盘中给猫咪一点好吃的东西，它会一直期待这种零食，甚至可能不愿吃自己的食物。确保家中所有人知道并坚持原则。如果你在猫咪面前朝令夕改，它会无所适从。

就寝规则
如果让新来的猫咪晚上睡在你床上，那它以后就一直期望睡在那里。

准备好加入新家庭

幼猫习惯于同窝伙伴的温暖陪伴，在自己独处时会胆怯。给予关爱和耐心，你的新猫咪会很快成为信心十足的家庭成员。

建立常规

　　猫咪是习惯性很强的动物，在早期建立常规有助于你的猫咪融入新家并建立安全感，最终它会围绕家庭日常时间表建立自己的行为模式。

　　把你与猫咪有关的日常生活建立在规律性活动之上，比如喂食、被毛梳理和游戏时间等。你需要连贯保持这一常规数月之久，所以务必使其与你的时间安排和生活习惯相协调。猫咪不喜欢频频变换生活常规，那样会使它们感到压力并导致行为问题，如刨挖、咀嚼、啃咬和常见敌对行为。规律生活也有助于你注意到猫咪的任何行为和健康问题，防患于未然意味着保证猫咪的安全。

　　你要给猫咪设定规律的进食时间并总是把食碗放置在同一个地方，这样能使你留意猫咪的食欲，在了解猫咪什么时候需要进餐方面也很有用。

　　如果你的猫咪需要定时梳理被毛，要在每天同一时间进行。猫咪可能不喜欢梳理，但如果它明白这件事只花费有限的一点时间，便会耐心忍受。如果你赶在进食或游戏之前梳理被毛，会激励猫咪接近你并在梳理时予以合作。

　　制定规律的游戏时间也是个好主意，这样会让猫咪有所期盼并减少"疯闹时间"，即猫咪变得狂躁、在房间乱跑或者不让你安静一刻。要变着花样玩游戏，并且花相当的时间全身心陪伴猫咪玩耍，从而提高游戏时间的质量。

规律的就餐时间
每天在固定时间为猫咪供餐是帮助猫咪适应新家的众多常规之一。

准备猫砂
带猫咪回家时，一定保证已经准备好猫砂供其使用，你永远不知道猫咪多快就需要使用猫砂。

共用猫砂盘
一般的原则是每只猫咪都要有自己的猫砂盘，但如果你从幼年期训练，猫咪会愿意共享猫砂盘。

弓形体病

猫咪的排泄物可能含有弓形体寄生虫，人类在接触猫咪粪便、被污染的土壤或猫砂时可能感染此类寄生虫。这种感染称为弓形体病，可能产生流感样反应，但大多数情况下根本没有症状。但是，怀孕女性接触猫咪的排泄物非常危险，因为弓形体寄生虫感染会传播给胎儿。在极端个例中，这会导致失明和脑损伤等严重问题。

猫砂规矩

在你带它们回家时，大多数猫咪已经学会如何使用猫砂，但在早期阶段，不熟悉的猫砂盘和猫砂产品会造成一些问题。已经习惯一种猫砂的猫咪不喜欢换用另一种，你可以使用繁育者最初使用的猫砂，让猫咪能有机会习惯猫砂盘。然后逐渐替换新猫砂，先均匀混合新旧两种猫砂，然后每次换猫砂时加大新猫砂的比例。

如果你的猫咪不愿使用猫砂盘，试着再放置一个装有其他类型猫砂的盘子，看看它喜欢哪一种。一般而言，爪子下的猫砂感觉越细柔，对猫咪越具有吸引力，所以大多数猫咪会本能地寻找沙子和泥土。把猫砂盘总是放在同一位置，让猫咪能轻松找到。如果把猫砂盘放在家中人多之地，猫咪会拒绝使用——猫咪也有隐私哦。你要定时清理猫砂盘，每天铲走块状排泄物并每周更换一次猫砂。洗完猫砂盘之后还要彻底用清水清洗，以去除残留的化学物质的气味。要抵御诱惑，不用香味清洁剂和除味剂来掩盖猫砂的气味。

应对变化

总会有些时候常规需要变化。有些变化只要不使猫咪感到威胁和压力，对它可能是积极的经历。有时你难以避免外出而将猫咪单独留下，这会打乱它平常的游戏时间和梳理时段。如果你外出之前或回家后做好这些工作，就不会有太大影响；你甚至可以完全不做，但在适当时间要对猫咪倍加体贴，留些玩具以便它能够自娱自乐。

度假

对猫咪主人来说，外出度假时间总是棘手的，你需要安排好事情以便让猫咪尽可能保持日常规律。猫咪能适应主人外出或被带到一个新地方，但若两种情况同时发生，它很难应付局面。最好的选择是请朋友或亲人到家中为猫咪喂食，如果做不到这一点，你可以求助专业宠物保姆，要确保询问保姆的证明资料。

托猫所对猫咪来说可能是令其备感压力的地方，所以选择一家好的托猫所非常重要，询问你信任其判断力的猫咪主人能否推荐一家。在送猫咪去那里之前，要亲自访问并查看那里的条件和状况。托猫所应当拥有有关权威机构颁发的执照，不要不好意思索要查看。记得早早提前预订，尤其当那家托猫所很紧俏时。

度假屋
一家好的托猫所会给每只猫咪提供分离的睡眠和游戏区域，不允许动物之间接触。

食物和喂养（FOOD AND FEEDING）

饮食良好和营养充足的猫咪是快乐的。虽然偶尔在户外捉住的老鼠会补充其饮食，但猫咪还是几乎全靠你喂养，这种依赖赋予你重大的责任。你应当为猫咪提供健康均衡的饮食结构，以帮助它充分发育、成长，使其有最佳机会获得一个长寿而健康的生命。

健康饮食使猫咪长寿

基础营养

猫咪是食肉动物，因为它们无法将植物物质中的脂肪和蛋白质转化为氨基酸和脂肪酸，而这些是它们的机体保持健康和功能正常运转所必需的。肉蛋白包括猫咪需要的一切营养，还具有它们自身无法合成的一种重要氨基酸——牛磺酸，若饮食中缺乏会导致猫咪失明和罹患心脏疾病。在所有加工过的猫粮中都添加有牛磺酸，这种物质在烹饪中会被破坏，所以如果你自己准备加工猫粮，也需要定量添加牛磺酸。

维生素和微量元素

猫咪的基础营养所需的维生素包括维生素D、维生素K、维生素E、维生素B族和维生素A（猫咪无法自身合成维生素A）。猫咪也需要维生素C，但摄入量需要控制，因为过量会导致膀胱结石。猫咪还需要某些微量元素，比如硒等，虽然所需量很小，但若缺乏会导致严重健康问题。钙的摄入也很重要，因为肉食中的钙含量很少。大多数商品猫粮包含以上提到的所有基本维生素和微量元素。

湿粮还是干粮？

大多数成品猫粮会标注"湿粮"和"干粮"。湿粮装在密封的罐体或袋中，所以不需要保鲜剂来保持食物新鲜，而且味道鲜美，质地柔软易咀嚼，能保持牙齿和牙龈健康。如果湿粮不马上食用，猫咪会很快对其失去兴趣。

干粮经过了压力烹饪和干燥，并喷涂了脂肪使之可口，但需要添加保鲜剂。干粮通常含有抗氧化剂，比如对猫咪天然有益的维生素C和维生素E。尽管总是喂养猫咪干粮不好，但干粮还是具有一定优越性，比如在一天中猫咪吃剩的干粮不会变质。你可能想早上喂给猫咪干粮，把湿粮留到晚间下班回家后奖

从猎物中获取纤维
猫咪需要摄入纤维以保持肠道健康和功能正常。在野生状态下，猫咪从猎物的皮毛和羽毛中获取所需的纤维。

干粮

湿粮

自制粮

干粮、湿粮和自制粮
干粮不易变质，但湿粮更接近猫咪的天然饮食，自制粮最新鲜，但要避免单一蛋白饮食。

赏猫咪。

自制猫粮

　　自制猫粮要使用适于人类消费的肉类和鱼类，要保证充分烹饪以杀死可能存在的危险细菌和寄生虫。自制猫粮可以将充分加工的骨头作为钙质来源，但如果猫咪还未学会啃骨头或进食太快，就不要添加骨头了。舔舐骨头可以使猫咪保持一副好牙齿，不然猫咪就需要定期清洁牙齿（见231页）。

饮水要求

　　所有猫咪都应被提供充足饮用水，因为水可以帮助其稀释尿液并被肠道中的纤维吸收。要小心喂食猫咪牛奶和奶油，因为许多成年猫咪缺少消化奶制品中的乳糖所需的生物酶，从而导致腹泻。现在人们可以买到特制的"猫奶"，也可以购买超市中有售的乳糖不耐症人群用牛奶。

猫咪需回避的食物

　　除了牛奶和奶油，猫咪要避免食用的食物包括生鱼，其中包含对猫咪有害的生物酶；洋葱和大蒜，可引起贫血症；绿色番茄和绿色（生）土豆，尤其是它们的叶子，包含能引起剧烈胃肠道症状的有毒生物碱。所以上述食物要避免喂食猫咪。还有，巧克力对猫咪非常有害，葡萄和葡萄干会伤害猫咪的肾脏。

饮用水
吃干粮的猫咪比吃湿粮的猫咪需要更多饮用水。

危险食物

洋葱和大蒜

绿番茄和土豆

巧克力

葡萄和葡萄干

奶油

生鱼

喂食时间和数量

　　一般而言，猫咪应当在规律时间里每天进食两次，这样猫咪能增进胃口，而你也能调控它的食量。一旦你建立了规律的喂食体制，就很容易判断猫咪是否食欲不佳或生病。在成品猫粮包装上印刷的喂食指导只是粗略估计，你要依据管理猫咪时

猫草
猫咪吃草是因为草中的汁液含有能预防贫血症的叶酸。从宠物店或托猫所购买的猫草可用小盆在室内栽种。

食量合理
如果你养了不止一只幼猫，要保证它们都摄入与其年龄和体重相称的食物量。若你怀疑其中一只进食不足，试着单独喂食以便控制它的食量。

观察到的猫咪外观和触感而增减其食量。作为指导原则，你应当不目视而轻松触摸到猫咪的肋骨。记住永远不要拿幼猫粮和狗粮来喂食成年猫咪——幼猫粮中含有太多蛋白质，会损害成年猫咪的肾脏；而狗粮里缺乏猫咪所需的足够蛋白质。猫咪的食碗和水碗使用后一定要彻底清洗干净。

饮食平衡

　　猫咪喜欢杂食，因此要喂食猫咪不同食材的混合物以保证它们获取足够营养，这一点非常重要。猫咪饮食的任何变化都要循序渐进，这样猫咪能积聚足够的肠道菌来消化新类型的食物。一旦你建立了猫咪喜欢的平衡饮食结构，要坚持利用。持续的饮食变化会促使它成为挑食的猫咪，它会多天拒食，直到你给它想吃的食物。

特殊饮食

　　猫咪的饮食需求在一生中会有所变化。幼猫需要大量蛋白

质、脂肪和热量来支持身体快速生长，你要喂食它特殊配方的幼猫粮，以避免营养缺乏而造成日后的健康问题。在将幼猫带回家的头一周里，喂给它断奶以来所吃的同样的食物。在引入新的食物材料时，先将原先食物的10%替换成新食物，然后每天增加10%，到第十天为止幼猫就完全吃新粮了，这可以防止腹泻。如果幼猫发生腹泻现象，要恢复增加旧食物的比例，将替换时间拉长。

　　怀孕的猫咪需要额外补充蛋白质和维生素，在怀孕后期食量也会增加。这意味着如果它一顿饭不能像平常一样吃得多，就要使其吃多餐，另外它的营养需求也会增加。年老的猫咪能量消耗减少，所以饮食中的热量需求也相应减少，它们还需要特殊食物来帮助更加虚弱的消化系统。

　　对于治疗期中的猫咪和肥胖猫咪来说，你要应用兽医推荐的食谱。一种经过医生批准的减肥食谱能保证肥胖的猫咪减轻体重，而且摄入的营养和食物充足。对食物过敏的猫咪极为罕见，一旦真有情况发生，唯一的方法是在医生指导下进行食物筛除实验以查清原因。

该奖赏了
对学会新技能的猫咪予以奖赏会加强训练成效，而猫咪也会翘首企盼你出门上班和下班回家时奖赏的食物。

奖赏食物的作用

　　无论是用作训练奖励还是用来促进猫咪和主人的密切关系，都要定量供应奖赏食物以防猫咪肥胖。要确认最多只有10%的热量摄入来自奖赏食物。一些奖赏食物能提供给猫咪在正常饮食中无法获得的营养收益，而其他类型的奖赏食物包含"填充成分"（很少的营养价值和大量的脂肪），你要学会区分优劣食物成分。

奖赏食物分类
有许多不同种类的肉味和鱼味奖赏食物，无论选哪一种，切忌让猫咪过量食用。

猫咪食量

成年猫咪重量	2千克	4千克	6千克	10千克	12千克
安静型猫咪	418~586千焦（120克湿粮/30克干粮）	837~1172千焦（240克湿粮/60克干粮）	1256~1758千焦（360克湿粮/90克干粮）	1674~2344千焦（480克湿粮/120克干粮）	2093~2930千焦（600克湿粮/150克干粮）
活跃型猫咪	586~753千焦（160克湿粮/40克干粮）	1172~1507千焦（320克湿粮/80克干粮）	1758~2260千焦（480克湿粮/120克干粮）	2344~3014千焦（640克湿粮/160克干粮）	2930~3767千焦（800克湿粮/200克干粮）
怀孕母猫	837~1172千焦（240克湿粮/60克干粮）	1674~2344千焦（480克湿粮/120克干粮）	2512~3516千焦（720克湿粮/180克干粮）	3349~4688千焦（960克湿粮/240克干粮）	4186~5860千焦（1200克湿粮/300克干粮）

爱抚猫咪（HANDLING YOUR CAT）

猫咪对允许何人触碰是出了名地挑剔，更别说抱起和爱抚之举了。一些猫咪就是不喜欢被人抱握，总想法子挣脱。爱抚猫咪的方法有对有错，你要学会正确爱抚，猫咪也喜欢这种接近你的机会；如果它被抱握时感觉舒适，你就能更容易给它梳理被毛和检查伤病。

被正确抱握的幼猫

减压
猫咪有着让我们生出抚摸冲动的特质。研究表明，爱抚猫咪有助于人类减轻压力，而猫咪也喜欢被爱抚。

开始要早

让猫咪适应抚弄的最佳时间是幼猫期，从2~3周龄时开始的早期和规律触摸不仅能帮助猫咪生长发育更快，还能使其成长为喜欢被人类爱抚的快乐猫咪。如果你有孩子，要教会他们善待和尊重猫咪，被虐待和错误抚弄的幼猫会成长为神经紧张的猫咪，从而远离人类并难于训练。猫咪记忆的时间很长久，会躲避那些曾经扯弄它们尾巴或粗暴玩弄它们的孩子。

如何抱起猫咪

你可以凭借其颈背部来抱起一只很小的幼猫，就像母猫叼起它的做法一样。但随着幼猫逐渐长大变重，它会需要更多支撑力，所以当母猫不再叼起小猫时，你也应当弃用原先的抱法。这之后正确的抱法是：从侧面接近并用一只手伸平握住猫咪的胸廓，手的位置应在前肢后部，将另一只手放于后躯底部来支撑猫咪。

抱握猫咪
在抱起猫咪时，不要让猫咪四脚朝天，这会让它感觉无助。你应当尽可能竖立抱握猫咪，一只手放于它前肢的腋窝下方，将另一只手置于后躯之下，两手要将它抱稳。

不同的抚摸方法

除非猫咪愿意被触摸，否则尽量不要抚摸它。伸出一只手或一根手指让它嗅闻，如果它用鼻子触碰你或用面颊和身体磨蹭你，表明它愿意交流接触；如果猫咪表现得没有兴趣，留待下次跟它交流。

一旦猫咪听从爱抚，你可以开始顺其背部以缓慢而连续的动作来抚弄它，一直按从头到尾的方向，永远不要反向进行，在到达尾部时停止爱抚。如果猫咪喜欢这种爱抚方式，它会拱起背部来加大你手部的压力。

要了解猫咪喜欢被爱抚的部位。头顶，尤其是耳朵之间和背后的部位，是猫咪最爱的抚摸部位，因为猫咪自己触碰不到，而且这一地方使它们回想起幼年时妈妈舔舐那里的时光。一些猫咪喜欢被抚弄颌下部位。以圆周动作摩擦颧骨很受许多猫咪的喜爱，因为这样能帮助它们将气味传播至你的手指上。你的猫咪可能喜欢被手指梳弄，但你不要只停留在一

搔头
用指头的肉垫部分从后往前搔弄猫咪头头部，要缓慢而轻柔——猫咪对被爱抚的方式是很挑剔的。

个部位搔抓。大多数猫咪不喜欢人们顺着侧腹爱抚。当猫咪跳上你的膝头并卧下，抚弄它一下看其是渴求关注，还是仅想找个温暖之处打盹儿。如果它烦躁不安或尾巴抽搐，要停止爱抚。正享受爱抚的猫咪可能会变换一下姿势，以便让它的渴望被抚弄之处最突出并离你的手最近。

打闹

有些猫咪喜欢粗野的游戏，会抓夺和"玩咬"试图抚弄其腹部的人手。如果猫咪伸出爪子，你要保持静止直到它解除警戒；如果你继续向它靠近，会使其惊走。一般来说，你停下，它也会停下。如果它用后肢踢你，不要以为它想让你触摸爪子。你可以顺着它被毛的方向用一根手指轻轻抚弄它的一只爪子；如果它将爪子挣开，伸平耳朵或走开，就随它去吧。

适时而止

观察你的猫咪的身体语言，如果它似乎开始生气（见224、225页）就停止抚摸。如果猫咪躺在地上并露出腹部，你要小心一点，这不一定是在邀请你爱抚；这或许是一种攻击或防御性态势，这样它可以自由弹踢、撕咬或抓挠。如果你误判猫咪的情绪而被咬破或抓烂皮肤，要清洗伤口并用抗生素处理。如果伤口周边肿胀并开始渗出液体，要赶快去见医生。

渴望交流的猫咪
你的猫咪会通过磨蹭和碰触你来首先主动交流，如果你不方便爱抚它，至少要抚弄它一两下，使其知道它并未被忽视。

社交训练（SOCIALIZING YOUR CAT）

猫咪和狗狗并不一定
是死对头

从本性上讲，猫咪是独居的生物，即便如此，一些猫咪也能适应快乐的群居生活。将一只新猫咪带到家中可能改变它对周围人类和动物的整体观念，如果小心而体贴地介绍新环境给它，它会成长为一只有自信心而友好的猫咪，能应对各种社交情形。

开始要早

社交训练应当早在幼猫期就开始。给你的小猫咪以充分机会来接触陌生的人们、猫咪和狗狗，并使之成为富有乐趣和价值的经历。你要在早期就将猫咪介绍给朋友、邻居和兽医；最初的会晤要短暂，而且要用奖赏物来奖励猫咪的良好行为。一只在幼年期未能接触新环境的猫咪长大后会显得胆怯羞涩，在陌生人接近或触摸时容易产生不良反应。

幼猫在8~12周龄时开始从母猫那里学习社交技能，小心不要将比这个年龄段还小的猫咪带回家，否则它的社交训练就成为你的责任了。让你的猫咪学会适应被抚摸，运用足够的游戏计划设计来磨除它的捕食本能，但它想睡觉时就一定要予以许可。如果幼猫被长时间单独留置而且缺乏关爱和激励，它会养成不合群的行为，长大后对人和其他动物会态度冷淡或具有攻击性行为。

社交训练成年猫咪

成年猫咪要比幼猫花更长的时间来适应新的主人和环境。生活常规的变化会让一只成年猫咪沮丧，除非你熟悉它原来居住的家庭，否则会出现一些诸如旧主人以何种方式养育它的问

老而沉稳
如果你有年龄很小的孩子，最好养一只成年猫咪。蹒跚学步的孩子意识不到他们需要有多大的耐心来抚摸一只幼猫，而一只年龄较大的猫咪或许更能容忍儿童。

题。所以尽可能从旧主人或救助中心那里多了解有关猫咪性格、习惯、兴趣和最喜爱的食物及玩具等的信息。熟悉的物品可以帮助猫咪在新家安顿下来，所以尽力将一些旧的寝具和玩具一同带回家，以便让它更具有安全感。给猫咪提供一个庇护地，比如一只箱子或盒子，猫咪在无法应对局面时可以隐退其中且感到安全。

一只老猫咪一开始会谨慎接触新主人并拒绝抚摸，你可以让它自己在充分的时间里探索一下新环境，用缓慢而抚慰的语气同其谈话，这样它就能逐渐适应你的存在和嗓音。要奖励食物以使它逐渐适应被抚摸。社交训练度差的猫咪最主要存在的问题之一是它们游戏过于粗野，还会啃咬和抓扯想要的东西。如果情况如此，就停止和它游戏，用严厉的语气对其说"不"，并

对幼猫进行社交训练的母猫
不推荐你收养小于12周龄的猫咪，因为它仍然需要母亲给予的大量社交训练时间，母猫会教给它基本的生活技能。

给它一只玩具。如果你的猫咪知道凭借啃咬和抓挠能够如愿以偿，日后会很难让它戒除坏习惯。在猫咪与你友好玩耍时要充分表扬它，在它将进攻性发泄到玩具上时也要夸奖它，这样的话猫咪就懂得能够跟玩具玩过火，而不是惹主人发怒。

要小心谨慎地介绍猫咪给陌生人，而不要强迫它会晤陌生人。应该让猫咪在准备充分时接近陌生人；一旦它意识到没什么坏事发生，它会更有自信和信赖他人。你可以在通向陌生客人的通道上一路放置奖赏食物，以此加快猫咪接近陌生人的进程，在猫咪饥饿时这种方法最为奏效。（你也可以只在客人到访时才奖励猫咪食物。）当猫咪与陌生人相处惬意时，可以尝试在头部或背部友好地抚摸一两下。如果你需要外出而让朋友或邻居照看猫咪的话，要提前让它熟悉适应陌生人。你可以邀请朋友或邻居经常光顾你家，让他们喂给猫咪奖赏食物并加以爱抚，或与其玩游戏，猫咪会很快盼望这些人士的来访。

介绍孩子

如果你有很小的孩子，他们活跃而吵闹的行为和突然的动作会使猫咪感觉受到威胁和惧吓——尤其在孩子们追撵猫咪的时候。猫咪会选择逃跑作为防御，但在受困时它会回应以嘶叫、抓挠或啃咬，这样会伤害或吓坏孩子。你可以让孩子们阅读一本有关儿童如何呵护猫咪的书，这种为猫咪的到来而做的准备是很值得的。孩子与猫咪的初次见面应当有大人指导，尤其在有学步幼童在场的情况下。让你的猫咪主动走出第一步去接近孩子，如果它想溜，就随它去。游戏时间里应当有这样的阶段：孩子们安静地坐在地板上，用具有引诱功能的玩具或带子来鼓励猫咪接近他们。

为了让你的孩子们有参与感，让每个孩子分工负责猫咪护理的一项内容，比如注满水碗、抖干净猫床、放好猫粮或收好玩具。为了避免让猫咪过量进食，让一名孩子专门负责猫咪进食。千万不要让幼童清理猫砂，因为猫咪的排泄物中可能带有肠道寄生虫，如蛔虫；另外弓形虫感染对幼童危害很大。

新生婴儿

如果你的猫咪一直是家庭注意力的焦点，它在新生儿降临时会与其争宠，一些精心准备有助于防范这一点。在婴儿出生前，让猫咪检视婴儿的房间和用品，但要向它表达清楚不会允许它与婴儿独处，还有不准进入童床、摇篮和婴儿推车。如果你认识有孩子的朋友或家庭，请他们来串门，这样猫咪就能熟悉婴儿的气味和声音。为了适应新的家庭环境，你可能需要调整猫咪的生活规律或你与猫咪相伴的时间，要在婴儿降生前的几个月之内逐渐做出改变。同样，如果你的猫咪有需要矫正的行为问题，现在正是时候，因为婴儿来到时问题会更糟糕。

适应孩子
一只新猫对家中的任何一个孩子都是无法抵御的诱惑。你要教会他们接触和爱抚猫咪的正确方法，还要保证指导孩子与猫咪之间的初次接触。

新伙伴
如果你在新生儿降临之前早早使猫咪适应新情况，就不会造成任何问题。

当你将婴儿第一次带回家时，让猫咪位于婴儿旁边，如果猫咪表现良好就奖励它，这样猫咪会将婴儿与积极的体验联系起来。永远不要让猫咪和婴儿独处，在婴儿睡眠时将屋门关好，或者买一扇纱窗门安在屋门框架上。你还可以给婴儿床和婴儿车安上防护网，以阻止猫咪企图蜷卧在婴儿身边或在它受惊时尿在床上和车里。要尽力使猫咪的生活常规保持正常，保证它总能得到家中人员的关注。

猫咪和狗狗

无论是介绍新来的猫咪给狗狗，还是介绍新狗狗给家中的猫咪，相同的社交训练方法都适用于它们。当你初次将新猫咪带回家时，将其放置在狗狗不能进入的房间，直至猫咪适应、安顿下来；也可以在它们之间放置障碍物或将狗狗关在笼中。当猫咪逐渐适应新环境时，也让狗狗嗅闻一下猫咪的气味。你可以用先前擦试猫咪的毛巾来擦拭狗狗，或者在抚摸过猫咪后让狗狗闻一闻你的手掌。在猫咪那里也尝试同样的方法。一旦狗狗熟悉了猫咪的气味，给它戴上牵绳并带其到猫咪房间的门口，要禁止其任何粗鲁的行为，如吠叫、抓挠或猛扑。如果狗狗表现得当，试着解除它的牵绳。

在社交训练的下一阶段，让狗狗戴着牵绳进入猫咪房间，或者把它放在猫咪房间里的狗笼中，让二者互相嗅闻，如果狗狗扑向或追赶猫咪，马上将其带离。你要指导它们两个的会晤，直到猫咪在狗狗周围感觉惬意。猫狗之间的最初接触要短暂，一天内重复数次。要赞美和奖励狗狗的良好行为，这样它会逐渐认为猫咪在家中的存在是件好事。

最后，你可以试着将猫狗单独留在房间里，但要快速进出。然后逐渐延长单独留置它们的时间，但要停留在可听到它们叫声的距离以内，如果你听到"喵"叫、低吼或吠叫要立刻回去。要保证猫咪有一个安全的藏身地，而狗狗则进不去。持续进行这一过程，直到狗狗不再对猫咪有过激反应，而猫咪也乐于在狗狗与其同处一室时进食或睡眠。不幸的是，有些狗狗永远不能将其安心留在猫咪身旁。如果情况如此，你得使它们保持分离，或者在任何时间里都监督它们的相处。

家中的其他猫咪

因为猫咪将你的家视为它的领地，所以往家中带回另一只成年猫咪会被视为一种威胁，然而一只新来的幼猫则更可能为原有的猫咪所容纳。要注意不让成年猫咪欺负或嫉妒新猫咪。如果老猫咪找小猫咪的碴儿，让二者分开直到新来者能够更好地保护自己。记住家里是老猫咪的地盘，它本能地要防卫入侵者，无论敌人有多弱小。你要保证老猫咪得到应有的关爱，用奖赏食物奖励它的良好行为。新老猫咪会逐渐适应彼此并建立友善的停战协议。

宽容的成年猫咪
家中增添一只小猫咪并不总是威胁到成年猫咪的主导地位。老猫咪最可能容忍小猫咪，因为它理解小猫咪的顽皮是天性使然。

学会做朋友

猫咪和狗狗不是天生盟友，但它们可以学习友好相处。狗狗必须明白猫咪不是猎物，你要保证狗狗不要显得过于兴奋，这样猫咪在狗狗面前也会感觉安全。

室内还是户外？ （INDOORS OR OUTDOORS?）

在收养一只猫咪之前，你要做出的最重要决定之一是，让它待在室内生活，还是在广阔的户外天地任意游荡。对许多人来说，这一决定取决于户外生活到底于猫咪有多"棒"。主人们需要先评估他们自身的生活风格和家庭周边环境，再决定哪种生活方式对猫咪的长期幸福和安全最为有利。

猫用活板门（猫洞）
带来的自由

野性的呼唤

家猫起源于野生动物，习惯在开阔的领地生活。今天它们的许多野性特征犹存，但栖息的世界已经大大改变。许多猫咪主人居住在都市环境，周边是繁忙的道路、建筑、人群和其他动物，户外生活的猫咪会面对所有这些危险。在做出室内还是户外喂养决策的时候，猫咪的安全是首要考虑因素。并非所有的猫咪都具备良好的道路感觉，有些就不幸成为过往车辆碾压的牺牲品。如果你让猫咪夜间外出，要给它买一副反光贴片项圈，以便司机在黑暗中可以看见它。在黎明或黄昏时，猫咪天性地更为活跃，而此时恰恰是交通高峰期，应当尽量让猫咪待在室内。考虑到周边环境的变换，你的猫咪可能会探索你的花园以外的世界，从而导致与其他邻居猫咪甚至野生动物的冲突。

窗外的世界
如果你的猫咪真的想独立自由活动，安装一个猫用活板门让它随意进出，否则你就得时时开启门窗来看它是否想出去。

建立猫咪乐园

让户外猫咪尽可能邻近家园的最好方法是，让你的花园变成对猫咪有益的庇护地。在花园里种上灌木以提供阴凉和掩蔽，还可以在阳光充足的地方栽上一些猫咪喜欢的香味植物，比如猫薄荷、薄荷香草、缬草、石楠花和柠檬香草，以便猫咪卧在其中享受日光浴。如果你定时给草坪和植物喷洒化学药物，最好给猫咪提供一些猫草来享用。

阳光里的惬意地
要在花园中给你的猫咪提供充足的地方来晒太阳和打盹儿，一只木条粗篮子就是慵懒猫咪的理想床榻。

领地争端

一旦你的花园使猫咪感到亲切方便，无疑也会吸引其他的猫咪，猫儿之间的争端注定爆发，因为它们都是领地动物。你要确认自己的猫咪接受了阉割，尤其是母猫，以避免意外怀孕。阉割过的猫咪需要的领地会较小，但阻止不了你的猫咪外出游荡，也挡不住未阉割的野公猫侵入领地而引发争斗。一定保证你的猫咪能免疫各种疾病，因为打架不可避免地会导致咬伤和抓伤。

与邻居友好相处

你要理解并非所有邻居都是爱猫人士。有些人对猫咪过敏，会竭力避免接触猫咪。此外，即使接受过最佳训练的猫咪也有一些坏习惯——它们会刨挖花圃来掩盖排泄物，啃咬植物，撒尿，撕开垃圾袋，追逐鸟类或贸然闯入邻居的房子。如果你的猫咪已被阉割，告诉你的邻居阉割的猫咪会埋起粪便，猫尿也不像未阉割猫咪的那样气味大。你可以为邻居提供一支水枪，在他们不想让猫咪闯入时用水喷射它。

室内猫咪

如果你的猫咪被养在室内，它的生命会更加长久和健康，但你要负起责任让它快乐生活。如果你整天工作在外，猫咪需要规律的游戏时间，或者最好有个猫伴。感觉乏味的猫咪会变得沮丧和压力增大，它们如果不锻炼，会体重超标或不健康。猫咪的压力感会表现为抓挠、咬啮或者在猫砂盘外面排尿。尽管天性好奇、爱探索，但出生以来一直喂养在室内的猫咪会极少愿意外出探险，因为它们将你的家视为自己的领地。而一旦喜欢上外出，它们会想更多地尝试，甚至寻找一切机会溜出

密切注视
猫咪喜欢占据高处来俯瞰它们的领地，工具棚屋顶、篱笆和基座（最好分布在花园的不同地方）能完美满足这一要求。

去。如果情况如此，你要非常注意关闭门窗，在高层建筑居住时更要当心——许多猫咪就是从敞开的窗户或在跳过阳台追逐鸟儿和昆虫时摔落而毙命的。

室内猫咪需要活动空间，所以应有条件进入数个房间，特别在你拥有不止一条猫咪的情况下——像我们人类一样，猫咪也需要它们自己的"私密空间"。为了让猫咪呼吸新鲜空气，你可以屏蔽住猫咪可以从猫用活板门通往的门廊、露台或阳台。即使你居住在公寓楼，也要考虑让猫咪出门进到过道做游戏，以让它四处跑动，但要保证先行关闭通往楼外的任何通道。

好伙伴
如果不是有血缘关系的兄弟姐妹，伴侣猫咪最好在早期相识，在你整天外出工作的时间里，它们就可以相互做伴、玩游戏。

重要提示

■ 如果你喂养了一只室内猫咪，务必在将其单独留在家之前检查它身在何处，尤其要确认没有将它意外关进封闭空间里，比如衣橱或碗橱。
■ 如果你喂养了一只户外猫咪，在它颈部系上一只铃铛，以便警告花园中的野生动物有猫咪的存在。鸟儿的餐桌和散落的食物会吸引猫咪，所以避免将食物落在外面，将喂鸟器置于捕食的猫咪完全够不着的地方。

与猫咪交流（CAT COMMUNICATION）

你总是能够判断狗狗是伤心还是快乐，因为它的情绪完全流露在表情上。说到面部表情，猫咪比狗狗可难捉摸多了，你很难明白猫咪想要对你诉说什么。然而除了面部表情，猫咪的确有你可以学习理解的一整套行为和信号语言，它可以使你和猫咪之间交流更容易。

学会理解你的猫咪

如何讲猫咪语言

野生猫咪属于独居的捕食性动物，会巡视它们完全视为己有的领地，因此大部分猫语交流用于阻挡入侵者。学会猫咪的身体语言和它们发出的声音，会帮助你理解猫咪的诉求。

猫咪发出的声响主要有嘶叫、低吼、喵叫和呼噜声。嘶叫和低吼——有时伴以突然显露牙齿和利爪——是对擅自闯入领地者和过分靠近的人类发出的警告。喵叫——成年猫咪之间很少使用，主要是幼猫发信号给妈妈的方式。在家中，猫咪用喵叫声来告知人们它的存在。短而高调的吱吱声通常表示兴奋和乞求某物，但持续而低调的叫声表明不高兴和要求。快速、激烈而响亮的重复叫声经常意味着不安，长久而持续的喊叫和尖叫表明猫咪在打架或身处痛苦之中。交配期的猫咪发出哀嚎声，被称为猫叫春的声音。呼噜声通常是猫咪感觉满足而发出的声音，但在痛苦或焦虑时猫咪也将这种叫声当作安慰自己的一种方式。

身体语言

你的猫咪会用耳朵、尾巴、胡须和眼睛向你发出信号。耳朵和胡须会同时作用：一般情况下，耳朵直立向前而胡须指向前方或侧面时，表明你的猫咪警觉和充满兴趣；当耳朵向后旋转平伸而胡须指向前方时，表明猫咪感觉非常自信；当耳朵外伸至侧面而胡须平贴颧骨时，意味着猫咪感到恐惧。

猫咪不喜欢眼神接触交流，所以猫咪总是走向房间里忽视它的那个人：对猫咪来说，这是友善的行为。一旦猫咪习惯了与周边的人群相处，它会发现眼神接触并不太具有威胁性。扩大的瞳孔可能表明它感到有趣味和兴奋，或者是害怕和准备进攻，所以你要努力读懂这些和猫咪发出的其他信号。

恐吓眼神接触

猫咪用眼神接触作为恫吓对方从而避免打斗的一种方式。瞪视被视为一种威胁，两只猫咪会试图比对方瞪得更凶，直到其中一只将视线移开或溜走。

重要提示

与猫咪交流一定要使用猫族的语言，而非人类用语。如果你嘶叫或发出吐痰声来对无法接受的猫咪行为说"不"，猫咪会明白它做错事了，这比对它大吼大叫管用多了。

尾语信号

你的猫咪最明显的情绪迹象是它发出的视觉信号。尽管它会使用全身各个部位来发出信号，但它情绪状态的最佳晴雨表是尾巴。当你注视猫咪时，它尾巴的姿态和摆动方式是其当前心情的清晰表述，所以你要用心学习这些不同的尾巴形态和含义，记住它的情绪可以瞬息万变。

	左右拂动：	你的猫咪在告诉你它有些恼火	背部弓起：	预警它要发起进攻了
	捶击地板：	沮丧的迹象和警告信号	夹在腿部中间：	表明驯服
	弯曲成"n"形或者贴地拂动：	猫咪用这种尾巴形状和动作，在表明它感觉咄咄逼人的事实	平放或略微低垂：	情况一切正常，它感觉平静和放松
	猛烈摇动：	你要尽可能往后站立，猫咪很不开心，如果接近会有被进攻的危险	竖立，有时尾尖弯曲：	它感觉友善，有兴趣与你接触
	被毛爹开耸立：	焦虑增强的迹象，猫咪感觉受到威胁	笔直向上并振动：	猫咪因为非常欢乐和兴奋而颤动

体态语言

你的猫咪用身体姿态告诉你两样含义之一："走开"或"靠近些"。躺卧、悠闲地坐下或朝你走来表明你可以接近它。躺在地上并暴露出腹部的猫咪并不是像同样姿态的狗狗一样表示驯服，这通常是一种战斗姿态，可以使它充分挥舞爪子和利用尖利的牙齿。但是如果猫咪在上述姿态的同时还左右打滚，你可以断定它处于娱乐心情。要避免过分触摸猫咪腹部，否则你会被抓伤或咬伤。摇摆臀部是另一种显示它想游戏的信号。如果猫咪蜷缩——或侧视或尾巴包裹身体——它是在寻找机会逃跑、偷袭或进攻。

警告姿态
当你的猫咪站立时臀部耸起或背部拱起，这表明它感觉受到威胁从而发出警告它准备进攻了，其背部的被毛也可能耸起。

撒尿
对猫咪来说，撒尿是完全正常的行为，你不应当为此惩罚猫咪。

嗅闻和触碰

猫咪的嗅觉超级敏锐，所以它们使用尿液和气味来标记领地并给其他猫咪留下信息。未被阉割的猫咪会排尿来警示它的存在，威胁任何对手

和宣告它已经准备好交配。如果阉割后的猫咪依然在外撒尿，这表明它可能感到焦虑。你要搞清楚引发撒尿行为的原因。

猫咪还往物体表面和其他猫咪身上摩擦自己的颧骨、爪子和尾巴，以此传播这些身体部位的腺体样放出的气味。这些气味可以标记领地和构建社交联系。在一起生活的猫咪会彼此顺着侧腹或头部进行摩擦，从而制造群体气味来帮助它们警惕陌生者的存在。你的猫咪还会磨蹭家庭成员来标记你们都是它的"帮派成员"。猫咪在见面时会鼻子对鼻子摩擦；彼此生疏的猫咪仅此而已，但相互友善熟识的猫咪会继续摩擦头部或舔舐彼此的面部或耳朵。抓挠是另一种留下气味的方式，还是一只猫咪存在的视觉信号。

游戏的重要性 （THE IMPORTANCE OF PLAY）

淘气的小猫咪

无论猫咪的生活有多么养尊处优，它们都需要一些刺激和兴奋。被剥夺捕猎和潜伏跟踪机会的猫咪会变得百无聊赖和压力增大，对整日里被独自锁在家中的室内猫咪来说，这的确是个问题。不过，只要你预先考虑并履行承诺，猫咪可以享受到有趣而欢乐的家庭生活。

顺应本能

整日里被独自锁在家中，备感乏味的猫咪在你回家时会缠着你寻求关注。户外生活的猫咪虽然多了些风险，但生活方式更为快乐和活跃。充足的新鲜空气、广阔的奔跑和跳跃空间以及新奇的经历，使得户外猫咪能够放纵探索、追逐和捕猎的本性。即使居住在室内时，猫咪也需要定时释放精力，经常表现为"疯狂时刻"的形式，它会绕房间奔跑，跃上家具，攀上窗帘，然后再逃之夭夭。这是颇为正常的行为，但若不加以控制，它会破坏你的家具甚至伤害到自己。

天生自由

没有机会顺应自己本能的猫咪可能会成为麻烦制造者。

建设性的游戏｜提供精力宣泄渠道

追逐和玩耍

为防止疯狂行为的爆发，将你的小猫咪的捕食天性疏导到富有建设意义的游戏中去。悬垂或拉扯一条带子会勾起幼猫捕猎和追踪的本能欲望。

捕捉和咬啮

游戏还能帮助你的幼猫学习在野外生存的基本技能，如捕捉和撕咬猎物。大多数猫咪，尤其是阉割了的猫咪，在长大之后仍会保留它们的顽皮天性。

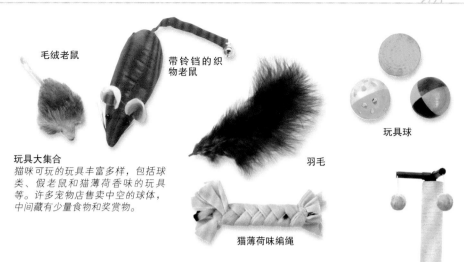

毛绒老鼠

带铃铛的织物老鼠

玩具球

羽毛

玩具大集合
猫咪可玩的玩具丰富多样，包括球类、假老鼠和猫薄荷香味的玩具等。许多宠物店售卖中空的球体，中间藏有少量食物和奖赏物。

猫薄荷味编绳

玩具

　　猫咪喜欢那些吸引它们追逐、跟踪和突袭本能的玩具。合适的玩具包括小而轻的球类和沙包、呢绒或绳绒老鼠、啦啦球和羽毛等。在柱子上悬挂的物品最适宜猫用爪子抓攫、拍打或追逐。要保证玩具都完整无损，没有小器件掉落而被猫咪吞下。大多数猫咪非常热衷于围绕地板移动的发条玩具或电池动力玩具。

廉价的替代物

　　你不必给猫咪购买昂贵的玩具及配件，猫咪可以从简单的日常用品中自己寻找乐子，如报纸、棉线轴、铅笔、松球、软木塞和羽毛等。猫咪喜欢躲藏，所以给它们提供一些玩捉迷藏的地方，比如一个旧纸盒或纸袋。千万不要让猫咪玩塑料袋子——如果猫咪困在袋子提手里会窒息或被勒死。

游戏屋
这种多功能游戏中心给猫咪提供了充足多样的游戏，它有舒适的藏身地、磨爪柱、蹲坐地和玩耍的悬挂球。

探索和躲藏
纸袋子能吸引猫咪的好奇心，为它提供探索和躲藏的地方。不过你要监视着猫咪，以保证它想从纸袋中出来时能够顺利。

新把戏

　　一种让猫咪的游戏时间更加趣味十足的方法是教给它新把戏（见233页）。不像狗狗学习新把戏是为了取悦主人，猫咪需要不一样的驱动力——食物——来学习新把戏。餐前是教给猫咪新把戏的最佳时间，因为猫咪饿了。选择一个没有干扰的安静地点，但每个训练时段不要超过数分钟。

　　你可能需要在几周内每天重复训练数次，这取决于猫咪的年龄和把戏的难度。用少量的奖赏食物奖励猫咪在学习新把戏时的进步，还要充分夸赞它。猫咪只有在玩得开心时才愿意参与学习，不要强迫它做不愿做的事情，在它不感兴趣时你也不要发脾气。

被毛梳理和清洁卫生（GROOMING AND HYGIENE）

猫咪会本能地自己梳理被毛，花费大量时间以保持被毛清洁、不缠绕打结。但是许多猫咪，尤其是长毛品种、秀展猫咪和老龄猫咪，需要主人帮助来打理被毛。帮助猫咪进行基本的清洁卫生护理，如洁牙和沐浴，对保持猫咪精神焕发也非常重要。

猫咪会花费很长时间
自己梳理被毛

自然梳理

被毛梳理可使猫咪的被毛保持良好状态，其重要性在于光滑柔顺和保养良好的被毛能防水，从而为猫咪保暖并保护皮肤免受感染。被毛梳理还能帮助猫咪在炎热的天气保持凉爽。

你的猫咪总是以同样的顺序来梳理被毛。首先舔舐嘴唇和爪子，然后用湿润的爪子来清理头部两侧。它的唾液可以去除气味和残余饭渣，使得靠气味捕猎猫咪的天敌无味可寻。然后，猫咪会用它粗糙的舌头来梳理前肢、肩部和体侧。猫舌上布满微小的钩体，可以去除被毛上的缠绕和结节；舌头还将皮肤腺体分泌的天然油脂涂抹在被毛上，以保持被毛定型和防水。你的猫咪会用细密的门牙啃咬掉任何难去除的被毛缠结，它灵活的脊椎可使其护理到肛门、后肢和尾部，而且从底层一直到顶端部位都能护理全面。最后，猫咪使用像宽齿梳一样的后爪来抓挠头部。群养的猫咪有时会互相梳理被毛，从而增强彼此间的关系纽带。

人工梳理

有数个理由要求你帮助猫咪来保养被毛。首先，梳理时间能使你与猫咪保持亲密关系，也给你机会检查猫咪的健康问题。一些猫咪——尤其是为长而柔软的被毛而选育的猫咪，比如波斯猫——自身很难保持被毛清洁和没有缠结。当你帮助猫咪梳理时，就减少了猫咪在自己梳理被毛时吞下的毛的数量（通常会以毛球的形式被猫咪咳嗽出来，但有些毛球会穿越胃部而沉积在肠道，从而引发严重问题）。猫咪在年龄较大时自己梳理被毛的效率很低，所以老年猫咪从主人帮助中受益很大。如果你从猫咪幼年期就让它习惯被毛梳理，它会视你为父母一般而且享受其乐。在开始梳理时，你一定要抚摸猫咪并用安慰的语气帮助它放松。记住一定要有耐心，注意查找有无令

它不舒服的迹象，比如拂动尾巴或胡须向前伸展，在这种情形下，停止梳理，过后或改天再进行。要保证梳理被毛的同时也查看猫咪的耳朵、眼睛、鼻子和牙齿，必要时进行清洁。你还需要给猫咪剪趾甲，去除分泌气味的肛门腺（或者请兽医来做此工作）并给它洗个澡。梳理时间结束时一定记得夸奖猫咪和给它奖励。

梳理用具
猫咪被毛梳理的基本用具包括梳子（除虱梳、细齿梳和宽齿梳）、刷子（钉刷、针刷和软鬃刷）、橡胶梳理手套、趾甲剪、猫用牙刷和除蜱虫用具。有些猫咪品种需要为它们的被毛类型特制的工具。

除蜱虫用具

趾甲剪　　钉刷　　细齿梳　　软鬃刷

被毛梳理丨短毛猫

　　短毛猫的被毛易于梳理，大部分这类猫咪能够自己打理被毛并使其保持完美状态。然而一周一次的梳理（秀展型猫咪要一周两次）会有助于你和猫咪保持亲密联系并有机会检查任何潜在的健康问题，比如肿块或皮肤问题。短毛猫通常喜欢先用除虱梳或细齿梳梳理，然后用刷子清除掉落的毛和死皮，最后用软布（如麂皮和丝绸）来"抛光"，以使被毛产生引人注目

的闪亮效果。你要保证小心触碰敏感部位，如耳朵、腋窝、腹部和尾巴。如果你的猫咪长有卷毛，要使用非常柔软的刷子和橡胶梳理手套——任何稍硬的用具都会使猫咪感到不适。

梳松死毛和死皮
用细齿梳从头部到尾部顺毛梳理，这样可以梳松死毛和死皮。在梳理耳部周围、身体内侧（腋窝、腹部和腹股沟）和尾巴时要非常小心。

去除碎屑
用钉刷或软鬃刷顺毛梳刷猫咪躯干，这可以去除前一步梳理时松动的死毛和死皮，最后用软布来抛光被毛。

被毛梳理丨长毛猫

　　长毛猫比短毛猫需要更多的被毛梳理，最好每天花上15~30分钟。长被毛，尤其是绒软的被毛，很容易黏附灰尘和打结，特别是在腋窝、腹股沟、肛门和耳后部位。被毛缠结妨碍了其正常保护猫咪，还令皮肤易受损伤和感染。梳理长被毛猫咪的主要目的是去除缠结，猫用爽身粉能帮助梳理缠结，但

严重的缠结只能用剪刀来去除。使用剪刀时尖部要向外，以避免划伤猫咪皮肤。如果不能保证这一点，将猫咪带到专业梳理人员那里或请兽医来做此事。

初始梳理
逆着被毛方向从根处向外梳理被毛，无味爽身粉有助于去除被毛缠结和多余油脂。再用细齿梳梳理一遍。梳理尾巴和身体内侧时要谨慎。

梳理去除松动的毛屑
用软鬃刷和针刷去除松动的毛屑、死皮和残留的爽身粉，要逆着被毛方向梳刷。用宽齿梳或刷子来使被毛蓬松。波斯猫要将其颈毛向上梳成毛领状。

如何给猫咪洗澡

户外生活的猫咪偶尔会给自己来次"尘土浴"，它们在干土中打滚以清除掉被毛上多余的油脂和寄生虫，如虱子。你可以给猫咪买干性洗发香波，使用道理是一样的。短毛猫如果身上黏附了油脂或刺激性物质，可能需要洗个澡；而长毛猫需要更多的洗浴。很少有猫咪喜欢洗澡，如果你让猫咪早期适应这一体验，你和它都会更加轻松。在给猫咪洗澡时，你需要有很大耐心，要全程使用安慰的话语并在过后给猫咪奖励。在开始前要关闭所有门窗，保证居室温暖并无通风，另外沐浴前要彻底梳刷猫咪的被毛。你可以在澡盆或水槽里用淋浴装置给猫咪洗澡，但要确认水流很轻柔。在澡盆或水槽底部铺上橡胶垫让猫咪抓牢，这样它会感觉安全而不会滑倒。

被毛梳理 | 给猫咪洗澡

1 将猫咪放进澡盆或水槽中，用安慰的话语同其谈话。用尽可能接近其体温（38.6℃）的温水喷淋它，充分浸湿它的被毛。

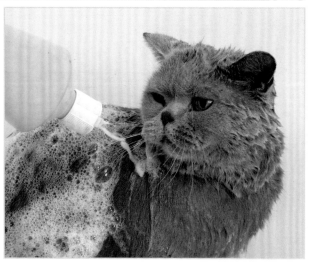

2 一定要使用特制的猫咪专用洗浴液。禁用狗狗洗浴液，因为其中可能含有对猫咪有害的除虱化学药剂。避免将洗浴液弄进猫咪的眼睛、耳朵、鼻子和口中。

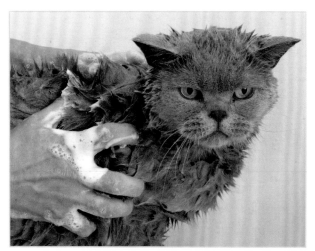

3 让洗浴液充分浸透猫咪被毛，然后彻底清洗。重复使用洗浴液或用柔顺剂浸浴，再次彻底清洗干净。记住要不停地给猫咪充分夸奖。

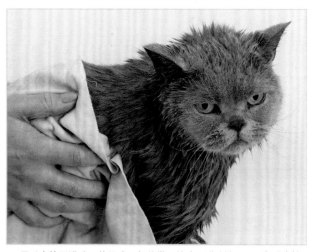

4 用毛巾擦干猫咪，使用吹风机的微风挡吹干猫咪被毛，以免噪声惊扰了它。梳理它的被毛并在温暖的屋内完成干燥，记住给你的猫咪应得的奖励。

耳朵、眼睛和鼻子的清洁

　　猫咪的内耳应当干净而没有异味，用棉絮和纸巾来清除耳垢。如果你看到猫咪耳朵里有沙砾般的污点，这是耳螨或分泌物，你得带猫咪到兽医那里诊治。湿棉絮也可以用来清洁眼睛和鼻子周边。黏性分泌物会沉积在长鼻口部猫咪（如暹罗猫）的眼角；短面部的猫咪，如波斯猫，经常患有溢泪症，从而在眼部周围的被毛上留下红褐色渍迹。如果你发现猫咪眼睛和鼻子处有任何分泌物，或长时间红眼，要去咨询兽医。

牙齿清洁

- ■ 紧紧握住猫咪头部，撬开它的颌部，每颗牙齿要花上几秒清洁。
- ■ 使用儿童牙刷或特制的猫咪牙刷，有些可以套在手指上。
- ■ 市场上有特制的猫咪牙膏，你的猫咪会尤其喜欢肉味牙膏。
- ■ 如果猫咪抗拒你给它刷牙，请兽医给你些漱口水，可以直接应用于猫咪牙龈。

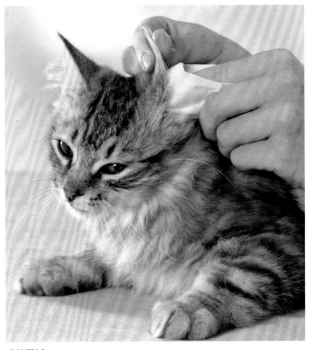

清除耳垢
先用水或兽医给的洁耳液蘸湿棉絮或纸巾，然后用来清除耳垢。永远不要使用棉签棒，因为你可能会把耳垢推入耳道深处。

被毛梳理 | 剪趾甲

如何剪猫咪趾甲

　　猫咪能通过运动、抓挠、攀爬和咬啮来自然地磨砺趾甲，但室内猫咪，尤其是老年猫咪的趾甲磨砺活动不足，会造成趾甲过长而刺进爪子肉垫里，使猫咪非常痛苦。为了避免这种现象，你要定期检查猫咪的爪子，每两周用趾甲剪剪一下趾甲。剪趾甲时要紧紧抱握好猫咪，确认只剪除爪子末端的趾甲，再往下就可能剪到趾甲肉而造成猫咪痛苦和流血。如果你觉得给猫咪剪趾甲有困难，可以让兽医去做这件事。

早期开始
让你的猫咪早期就适应给它剪趾甲。如果猫咪情绪不佳或挣扎激烈，不要强迫进行，让它跑开算了，第二天再尝试此事。

伸展猫爪
在剪猫咪趾甲时，用你的手指非常轻柔地压住每只爪子正后方的骨头，让爪子充分伸展。

训练猫咪（TRAINING YOUR CAT）

就算可能，训练你的猫咪听起来也是一件有悖猫咪自由天性的古怪之事。但对猫咪进行基本训练是有益处的，比如教会它坐下，而且有些猫咪能够成为愿意学习的好学生。训练猫咪能使你更容易控制和管理其行为，甚至可以教给它一些小把戏，或者训练它戴上牵绳去散步。

戴牵绳的猫咪

为食物而训练

如果有可吃的奖赏食物，猫咪很乐意训练学习。但与狗狗不同，猫咪对纪律性反应不佳，仅仅冲猫咪叫嚷教不会它坐下或跑向你，但美味的食品如干鸡肉或脱水虾，加上充分的温柔夸奖会很有帮助。猫咪饥饿时学习效果最佳，餐前是最理想的训练时间。在训练过程中，你要将奖赏食物分成小份，如果太急于给猫咪过多食物会使其不再感觉饥饿而失去训练兴趣。猫咪从4月龄时开始学习效果最好，太小的猫咪注意力不够集中，而老猫咪通常已经没有这方面的兴趣了。活跃的短毛猫咪品种，如暹罗猫，一般比其他品种更容易训练。

朝你跑来
如果你让猫咪白天外出，但在晚间或你外出时想把它带回屋，教会它听到命令就向你跑来的技能会很有用。

基本训练

要想你的猫咪训练效果好，它得有一个名字，最好是一两个音节的短名，这样它会容易识别并做出反应。如果你收养了一只成年猫咪，就算你不喜欢，也最好别改换名字。训练时间应当持续一到两分钟，千万不要太长，最好选择一个安静而无干扰的房间。

为了训练猫咪跑向你，用食物引诱它的同时呼唤其名。当它靠近时，你往后退一步并说"过来"，当它真正走过来时，给它奖赏食物并赞许它。多次重复这一过程，每次增加距离，直到它听到你的命令能从另一个房间跑过来。这之后如果你逐步取消奖赏食物，它也应该会听从你的呼唤。

听到名字就喵叫

一旦你的猫咪学会听到召唤而过来，你可以试着训练它听到名字马上就"喵叫"。你在手中握好奖赏食物并叫它的名字，直到它喵叫再放手食物——即使它试图从你手中打掉食物块。等猫咪一喵叫，叫它的名字并同时递给它食物。还要在有、无食物奖励的同时进行训练以加强效果，直到猫咪一听到名字就赶快喵叫，然后开始逐渐取消奖赏食物。

吸引注意力
当你的猫咪能听到它的名字而回应以喵叫时，有助于你及时发现它，在其受困于某处时甚至可能是救命的重要技能。

学会坐下
当猫咪学会了呼之即来时，你可以继续开始教会它坐下。如果它能安静坐下而不躁动，就能更容易地给它梳理被毛或接受兽医的检查。

坐下命令

要教会一只猫咪坐下，先将其放在一张桌子上让它四肢站立。用奖赏食物吸引猫咪的注意力，并将食物置于其头部上方数厘米高处；如果食物太远，它会立起后肢而企图将食物从你手中打掉。你将食物在猫咪头部上两耳之间缓慢移动，在观望的同时它会向后坐下。这时呼叫猫咪的名字，在它开始坐下时你说出"坐下"一词，一旦它坐好时你要说"好"并发给它奖赏食物。经过大约十次训练，你仅仅将手置于猫咪头顶就足以能够令其"坐下"。

领室内猫咪在户外散步

你可以给你的室内宠物猫咪戴上牵绳并带出去散步，让它领略外部世界的精彩。猫咪需要胸背带而非项圈，这样它的头部能够轻松伸出。首先你要让猫咪适应戴上胸背带，头几天里每天让它戴20分钟左右，要给猫咪食物和夸奖，并确保胸背带戴法正确、合身。然后扣上牵绳，先让猫咪带着耷拉的牵绳在屋内短时间溜达，继而由你拉住牵绳。最后将猫咪带到户外尝试，最好在安静的地方。猫咪最初会花费大部分时间嗅闻、环顾和拉你前行，永远不要朝你想去的方向拽扯牵绳，而是用温和的命令和奖赏食物来劝诱它。几周之内，猫咪在同你户外散步时就会感觉惬意。

趣味把戏

一旦猫咪学会呼之即来和听命令坐下后，你可以接着教给它一些小把戏，比如凭借后肢站立、挥舞爪子、与主人拍手、寻回抛掷的猫咪玩具或者跳过圆圈。为了让猫咪站立起来，你可以在它头部高处手握奖赏食物，在它立起时发给它食物并说出"好，起立"。为了使猫咪同你拍手，你可以在它面前手拿一个逗猫玩具，如一头绑有羽毛的棍子，当它伸出爪子去够玩具时，你要说"拍手"或"真棒"，并给它以奖励。经过几次训练后，你可以用手替代玩具，然后逐渐减少食物奖励，直到你能仅仅使用手势信号和口头暗示就能达到效果。

基本行为的训练原则同样也适用于教会猫咪把戏：如在猫咪饥饿时，利用餐前一到两分钟的训练时段，这时猫咪更愿意为赢得食物而接受训练。你要永远富有耐心并充分温柔夸奖猫咪，不要在猫咪训练情绪不佳时就吝于称赞。

挥舞爪子
如果你能使猫咪感觉有趣并且得到奖励，它也能学会趣味把戏，比如挥舞爪子。

行为问题（BEHAVIOUR PROBLEMS）

宠物猫咪有时会出现行为问题（我们人类是这样认为的），比如突然具有进攻性、抓挠家具、随处撒尿和拒绝使用猫砂盘等。这些行为对猫咪而言完全正常。而你的工作是要找出这些行为问题是由于疾病或压力过大，还是猫咪的本来习性使然。然后在耐心的前提下，你要有能力解决问题或使问题的影响最小化。

一只承受压力的猫咪
会很具有破坏性

进攻性

如果在一起玩耍时，猫咪咬你或抓你，要立刻停止游戏。它可能是兴奋过头或不想让你触摸某个敏感部位，如腹部。在同猫咪游戏时不要拿你的手指当作"玩具"，这会激发猫咪咬啮或抓挠的欲望。粗暴的游戏可能引发进攻性，所以确保你的孩子们温和地同猫咪玩游戏并知晓何时应该让猫咪独处。任何宠物犬都必须学会不要戏弄猫咪，以避免冲突。如果猫咪喜欢藏在你的脚跟后或跳上你的肩头，你要预料到这种情况并扔给它一只玩具来玩耍。

如果你的猫咪没来由地挑衅，它可能是要发泄痛苦，你要带它去看兽医。猫咪也可能因为在幼年期没有受到正确社交训练而长期具有进攻行为，它会对人类保持警惕，但你要有耐心，并且最终你会赢得它的信任。一般而言，阉割后的猫咪会温顺很多。

咬啮和抓挠

感觉无聊会导致猫咪承受压力和产生破坏行为。室内生活的猫咪，尤其在它经常独处时，会咬啮家庭物品以释放无聊的感觉。如果你的猫咪是这样，给它足够的玩具玩耍，并记住要每天留出特定的时间来充分关注它。抓挠是猫咪的自然行为，它以此磨砺爪子，并标出可看到和可嗅闻的领地记号。如果你的沙发被猫咪抓挠损害严重，可以买一个磨爪柱来作为标记领地的替代物。如果猫咪喜欢抓挠地毯，可以给它提供一个卧式的磨爪垫。磨爪柱的表层覆盖物要与沙发盖布材质不同，把柱子放在猫咪经常抓挠的区域附近。

如果猫咪不愿意使用磨爪柱，可以在柱子上擦一些猫薄荷草来引诱它。如果它坚持抓挠家具，你可以清洗被它抓挠过

猫咪间的战争
两只原本友好相处的猫咪会因生活常规被打破而突然生出挑衅行为。比如，一只离家一段时间去看兽医的猫咪在回家时会遭遇另一只猫咪的敌视行为。

领地标记
抓挠树皮是猫科动物的自然习性。猫咪留下其他猫咪可看到和可嗅闻的记号，以此警告它们不要侵入自己的地盘。

磨爪柱
你的猫咪在室内生活中也继续它的圈地行为（见右图），所以要准备一个令它专注于其中的磨爪柱，以使猫咪对家具的破坏损失最小化。

的地方以去除气味（可以使用医用酒精，猫咪很讨厌这种味道），这样可以进一步阻止猫咪的行为问题。然后可以用猫咪不喜欢的味道的材料，比如双面胶，盖住易被抓挠的地方。

如果这样还不能阻止猫咪，就在它抓挠时用水枪轻轻喷射它的臀部（千万不要喷射头部）。你还可以在猫咪的爪子上粘上塑料爪套来使抓挠的破坏损失最小化。这种塑料爪套在宠物商店有售，但仅能应用于只在室内生活的猫咪。

随处撒尿

就像猫咪的抓挠行为一样，猫咪随处撒尿也是为了标记领地。猫咪若被阉割，这种行为通常就消失了。但如果它受到环境变化的困扰，比如婴儿或其他宠物的到来，随处撒尿现象会重新出现。

为了对付猫咪在室内随地撒尿，你可以一看到猫咪扬起尾巴做撒尿状就去干扰它的行为，比如把它的尾巴撸下或扔给它一个玩具。如果它反复在一个区域撒尿，你要彻底将其清洗干净并将猫食碗具放在该处，以此阻止它继续撒尿。你还可以用铝箔镶在被它便溺的地方周围，猫咪不喜欢听见尿液溅在上面的声音。

猫砂问题

如果猫咪在便溺时感觉很不舒服，它会将这种不适与猫砂联系起来并到别处便溺。所以当猫咪在猫砂盘以外排便时，你要寻求兽医的建议。如果兽医检查后认为猫咪没有健康问题，那症结就在你的行为上了。如果你不定时清理猫砂，猫咪会觉得猫砂盘的味道太浓烈了。同样，如果你给猫砂盘加上盖子，你是闻不到异味了，可猫咪就受不了盘里的味道了。换另一种新猫砂也可能造成问题，因为猫咪觉得新猫砂材料令它讨厌（见211页）。

重要提示

■ 为了防止猫咪啃咬居室植物，你可以在植物叶子上喷涂猫咪讨厌的柑橘汁。
■ 兽医的信息素治疗法可以解决猫咪的进攻性以及和焦虑关联的随处撒尿问题。
■ 如果你养了两只猫咪，给它们提供各自的猫砂盘，因为有些猫咪不愿意共用猫砂盘。

健康与繁育

HEALTH AND BREEDING

猫的保健（HEALTH）

作为猫咪的主人，你最重要的职责是呵护猫咪的健康。你必须保证猫咪接受定期体检和疫苗接种，还要能识别任何需要兽医帮助的猫咪身体和行为变化。你要学习猫咪常见疾病的知识，并学会在猫咪生病、术后恢复和紧急状况时期如何照顾它。

帮助猫咪免受瘙痒寄生虫的困扰

寻找和拜访兽医

在将猫咪带回家之前，要寻找一家兽医诊所来登记入册你的猫咪，猫咪繁育者或许就能替你推荐一处。你也可以询问养有猫咪的朋友或咨询本地猫迷俱乐部和猫咪救助站。看兽医对大多数猫咪都是一件紧张的事情，因为它们会遇到陌生人和其他动物，即使一只受过良好社交训练的猫咪也会在就诊期间感觉不安。一定要用猫咪旅行箱来携带你的猫咪，并在候诊室里让箱门始终冲着你，这样猫咪能随时看到主人。用安慰的语气同猫咪谈话，还要在就诊过后奖励它食物。

如果你买了一只纯种猫咪，应当在其12周龄被带回家之前进行初始疫苗接种。繁育者会提供给你幼猫的接种证明，在初次拜访兽医时你应当出示给医生查看。早期的兽医访问可能包含阉割猫咪事宜，一般从4月龄开始。

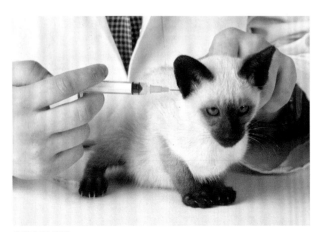

疫苗初始接种
猫咪应当在9~12周龄时首次接种疫苗，其后的一生中每年注射加强针，以抵御传染性疾病，比如猫流感和猫科白血病。

耳朵检查
在例行体检中，兽医会检查猫咪耳朵里是否长有耳螨。耳螨传染性极强，常常影响幼猫和户外猫咪，还会在耳道中留下沙砾状的耳垢，从而刺激皮肤。

年度体检

在最初几次拜访兽医之后，猫咪需要每年全面体检一次，年老后还可能需要一年两次。兽医会通过检查猫咪的耳朵、眼睛、牙齿、牙龈、心跳、呼吸和体重，以及触摸全身来评估其健康状况。猫咪可能需要注射加强免疫针。如果必要，兽医会给它剪趾甲，尤其是在室内生活的猫咪或老年猫咪。兽医还会检查猫咪是否长有寄生虫，并在除虫方面给你建议。

全面检查
在年度体检中，兽医会从头到尾仔细检查你的猫咪，用手触摸任何可能存在的增生和肿块。兽医还会听诊猫咪的心跳和呼吸，以确定有没有异常。

常见健康问题

每只猫咪在一生中都会遭遇健康问题。有些小毛病，比如偶尔一次的呕吐或腹泻，你不必过分担忧，也无须求助兽医。还有些问题，如蛔虫和猫虱，可以根据兽医的指导在家中轻松处置。但更严重的疾病要求你将猫咪紧急送到兽医处治疗，这包括反复呕吐和腹泻——往往是潜在疾病的征兆；尿路感染或堵塞，会引起猫咪排尿痛苦；眼睛疾患，如结膜炎或瞬膜症；同其他猫咪打架引起的溃烂脓肿；妨碍猫咪进食的痛苦牙齿问题。

猫咪厌食
如果猫咪拒绝进食，你要予以关注。这可能表明猫咪遭受疼痛或者患了重病，急需兽医救助。

疾病征兆

猫咪一般会默默忍受病痛，在感觉虚弱时并不愿引起主人的关注。因此作为猫咪主人，你的职责之一就是要时刻注意猫咪日常生活规律和行为的任何变化，这些变化可能表明它需要兽医帮助。

嗜睡症不易被主人发觉——因为猫咪通常大部分时间都在休息——但活动减少、不愿跳跃和警觉性降低经常是猫咪生病或处于痛苦中的迹象。嗜睡症也常与肥胖症相关联，当猫咪减去多余体重时，嗜睡症也就自然消失了。

饮食习惯的变化通常是潜在健康问题的表现。胃口不佳可能由口腔病痛如牙痛造成，或者是更严重的疾病如肾衰竭。尽管食欲不错，但体重消减，伴以尿频和口渴症状，可能是甲状腺功能亢进或糖尿病的表现。

猫咪在胸部受伤、呼吸道阻塞、上呼吸道感染或休克后会发生呼吸困难或不正常，哮喘和支气管炎会造成哮鸣音。猫咪呼吸困难时一定要紧急就医。

脱水可能危及生命，其原因多样，包括呕吐、腹泻、尿频和中暑等。你可以进行一个简单测试来判定猫咪是否存在脱水症状（见左图文）。兽医可为猫咪皮下或静脉注射进行紧急补水。

猫咪的牙龈颜色（见左图文）可以指示几种严重疾病，包括影响血液中氧循环的疾病。皮肤上的肿块、梳理习惯和被毛质地的改变、褪毛和拒绝使用猫砂也可能是健康出现问题的征兆。

重要提示

■**脱水检测** 轻轻提起猫咪颈背部的皮肤，如果皮肤松开后弹回原位，表明猫咪很健康；但如果恢复原位很慢，说明有脱水迹象。用你的手指触摸猫咪牙龈，发黏的牙龈也表明脱水。

■**检查牙龈** 健康的猫咪牙龈呈粉红色。苍白色或白色牙龈表明猫咪有休克、贫血或失血症状，黄色牙龈是黄疸症状，红色牙龈可由一氧化碳中毒、发烧或口腔出血造成，蓝色牙龈说明血液中氧含量很低。

猫咪急救

如果猫咪受伤了，你需要在送它见兽医之前进行急救处理。用干净的布料压住伤口，不要使用纸巾，因为会粘在伤口上。要包扎伤口到位并一直固定到看见兽医，即使所用材料浸透鲜血。去除伤口中的嵌入物可能会造成出血更多，所以将其留在原位，让兽医来处理。

一只遭遇事故的猫咪，比如被车辆碰撞了，即使没有明显外伤，也需要由兽医检查，因为它可能内脏出血，这会导致休克。猫咪休克时血液流量减少，机体缺乏营养，这是危及生命的状况。休克症状包括不规律呼吸、焦躁、苍白色或蓝色牙龈以及体温降低等。对休克的猫咪要进行急救，在送它到兽医那里的同时，你要保持它的体温，将它的后肢抬起以增加脑部供

休克处置
休克的猫咪可能丧失体温，在兽医诊治之前你要用毯子或绒布轻柔地包裹住它。

血量。

　　如果你发现猫咪昏迷不醒，要确保它的呼吸道畅通，仔细倾听寻找呼吸迹象，将你的手指搭在股动脉（在猫咪后肢内侧，连接腿窝处）之一上触摸脉搏。如果猫咪没有了呼吸，你要尝试人工呼吸，将空气顺猫咪鼻口部轻轻送进肺部。如果猫咪心跳停止，每秒按压心脏两次，每30次按压和两次人工呼吸交替进行。

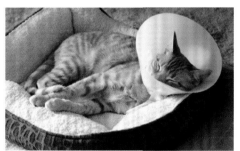

伊丽莎白项圈
在手术后，猫咪可能需要戴上伊丽莎白项圈（塑料项圈）来防止它舔舐或啃咬被缝合的伤口。

包扎了绷带的腿部
猫咪的腿部可能需要兽医包扎。如果猫咪有被包扎的肢体，要让它逗留在室内不外出。如果绷带被弄脏、打湿、松动、有异味或猫咪感觉不舒服，带猫咪到兽医那里更换绷带。

当猫咪身体不适的时候

当猫咪生病或处在术后或事故后恢复期的时候，你必须控制自己不要抚摸或抱握它。猫咪在早期康复阶段最不愿意被抚弄，你要在它明显需要关爱时再进行爱抚。你可以给猫咪提供一张温暖的床榻，它可以安静地待在里面休息调养。你要定时查看猫咪，如果猫床脏了要及时更换。如果你养了一只户外猫咪，在康复期间要将它置于室内，并让它很方便地找到水碗和猫砂盘。

给猫咪喂药

要记住只给猫咪服用兽医开出的药物，而且严格遵守医嘱。你可以将药片藏在肉丸中，或在药片周围裹上一层黏性食物作为奖励喂给猫咪，但前提是医生允许猫咪药物和食物混合服用。如果不允许，或者猫咪拒服药物和咳出药物，你需要将药物喂入猫咪口中（见下图）。最好在你送入药物时有一个帮手帮你固定猫咪。如果你得自己喂药，用毛巾裹住猫咪使其无法动弹，将头部显露出来。药水到处有售，可以用无针头的注射器或塑料滴药管将药物送入猫咪口中的后齿与颚骨之间的位置。滴眼和滴耳的药物可以在轻柔固定猫咪头部的同时使用，

一定要确保滴管不直接碰触它的眼睛和耳朵。

如果你的猫咪在家中完全抗拒服用任何药物，就每天将它带到兽医那里或干脆让它待在诊所，直到治疗期结束。

重要提示

照顾康复期的猫咪

■ 要频繁小剂量喂食，食物须接近体温，开始的时候你可能要亲手喂它。

■ 每天检查猫咪伤口是否有红肿和感染。

■ 在安静的地点给猫咪提供一张温暖的猫床，铺上可用微波炉加热的垫子或用毛巾包一个暖水袋。

■ 在猫咪康复期，不要让其他宠物接近。

■ 根据兽医医嘱喂猫咪药物。

猫咪保健 | 喂药

1 用你的食指和拇指放在猫咪口部两侧以固定住猫咪，轻轻使它的头部后倾并撬开颌部。

2 将药片放在猫咪舌头尽可能靠后的位置以引发吞咽动作，在这样做的同时要给予它温柔的鼓励。

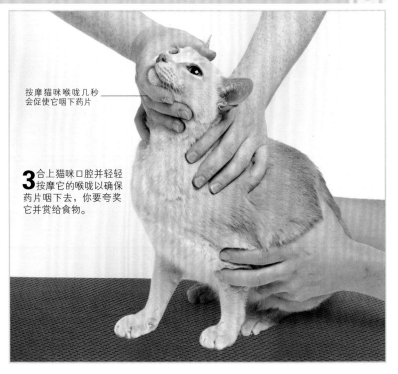

按摩猫咪喉咙几秒会促使它咽下药片

3 合上猫咪口腔并轻轻按摩它的喉咙以确保药片咽下去，你要夸奖它并赏给食物。

过肥猫咪
如果你不能轻松触摸到猫咪的肋骨或看清腹背上的腰围线，猫咪的确超重了。

体重问题

多种猫咪健康问题都与肥胖相关，包括糖尿病、心脑血管疾病、肝病和关节承重压力造成的关节炎及行动不便问题。体重增加还使得猫咪自我梳理被毛很困难。

如果你的猫咪明显长胖了，给它调换成低热量食谱，减少餐数和奖赏食物并增加运动量。阉割后的猫咪肥胖风险尤其大，室内猫因为运动量小也面临同样风险，而户外生活的猫咪会因为人们喂食过量而肥胖。如果猫咪拥有健康体重，通常能够寿命更长。

猫咪体重减轻也是主人要关注的问题，应当就诊，因为有可能是严重疾病的征兆，如甲状腺功能亢进。

照看老猫咪

大多数受到良好照顾的宠物猫能活到14~15岁，偶尔有些猫咪能够活到20岁左右。随着猫咪疾病预防技术的进展，人们对猫咪饮食有了更好的了解，药物和疗法得以改良，更多猫咪被养育在室内，猫咪的寿命总体趋势在上升。

在猫咪大约10岁的时候，你可能注意到它衰老的迹象：体重减轻或增加，视力衰退，牙齿出现疾患，活动量减少，被毛梳理不再细致，被毛变薄而且不如以前亮泽。猫咪的性格也会发生改变，会容易发怒和吵闹，尤其在夜间。年老的猫咪有时会方向感缺失而在猫砂盆以外便溺。你也可能想要增加它的例行体检到每年两次左右。

猫咪与人类寿命比较

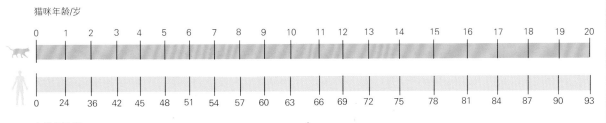

猫咪年龄/岁

人类年龄/岁

人们常说，猫咪寿命的1年等于人类寿命的7年。但近些年，宠物猫咪的寿命在增长，所以上述说法并不正确，而且这一观点还忽略了猫和人类发育的不同速率：一只1岁龄的猫咪就能够繁殖和抚育幼猫，要比一个7岁龄的孩子处在更超前的生命阶段。猫咪到大约3岁龄时，约等同于40岁出头的人类。从这以后，猫的每1岁等同于人类的3岁。你可以使用上面的图来计算你的猫咪大约等同于人类的岁数。

遗传性疾病（INHERITED DISORDERS）

有些疾病和身心机能失调在猫咪身上代代相传。不同的猫咪品种还有自身的遗传性健康问题，通常是由于在相对较小的种群内部繁育而导致的。负责任的繁育者不应当利用有缺陷基因的种猫进行繁育，许多遗传性疾病现在都可以进行筛查。

平脸的猫咪可能罹患呼吸困难

特定猫咪品种的遗传健康问题

因为单个猫咪品种的基因库有可能范围窄小，缺陷基因的影响就较大；而品种混杂的较大种群所受的影响会小得多，经过数代繁育后缺陷基因通常会消失。有些猫咪品种具有遗传性疾病特征，比如在过去，经典暹罗猫品种的内斜视眼是视觉基因缺陷的结果。某种遗传性疾病可能在幼猫出生时就具有，或是在以后发病。有些猫咪可能拥有缺陷基因，但从来不发生任何症状，它们叫作携带者。如果与携带有相同缺陷基因的猫咪交配，有可能生下患有遗传性疾病的幼猫。

许多种猫咪疾病被认为是基因遗传所致，但还未能发现相应缺陷基因。下表中的疾病都已经被证实是遗传性疾病，其中有些可以进行基因筛查来辨明猫咪是否携带缺陷基因。为了消除遗传性疾病，负责任的繁育者应该避免使用任何已知患有遗传性疾病或携带有遗传性疾病基因的猫咪进行繁育，他们可以将上述猫咪进行阉割。

如果你的猫咪患有或正发展为某种遗传性疾病，你要尽可能多地了解该病的相关信息。大多数遗传性疾病无法治愈，但精心的护理能够减轻症状，使你的宠物猫咪享有很高的生活质量。

疾病名	症状表现	能否筛查	治疗措施	易患病猫种
原发性皮脂溢	油性皮肤和被毛，多皮屑	没有可利用的具体筛查措施	经常用药物香波来洗浴患病猫咪	波斯猫和异国短毛猫
先天性被毛稀少症	幼猫出生时无被毛，易受感染	现在没有针对这一罕见病症的筛查措施	无治疗措施。可让猫咪生活在温暖室内环境中，远离潜在的感染源	伯曼猫
出血性疾病	在受伤或创伤后过多或非正常出血	可以。对有些出血性疾病有筛查措施	寻找猫咪身上不愈合的伤口，试图止住血流并寻求兽医帮助	伯曼猫、英国短毛猫、德文卷毛猫
丙酮酸激酶缺乏症	影响猫咪寿命和红细胞数量的病症，可导致贫血症	可以。有基因筛查措施	病患猫咪可能需要输血	阿比西尼亚猫和索马里猫

疾病名	症状表现	能否筛查	治疗措施	易患病猫种
糖原病	无法正常代谢葡萄糖，可导致严重的肌肉萎缩，继而心衰	可以。有基因筛查措施	无治疗措施。患病猫咪需要短期输液治疗	挪威森林猫
肥大型心肌病	心肌增厚，通常会导致心衰	可以。有基因筛查措施	可应用药物最大限度减轻心衰影响	缅因库恩猫和布偶猫
脊髓性肌萎缩	从后肢开始的肌肉渐进性萎缩，可见于15周龄幼猫	可以。有基因筛查措施	无治疗措施。在有些病例中，患病猫咪如果有主人精心照顾，可以有质量地生存	缅因库恩猫
德文卷毛猫肌病变	一般性肌肉萎缩，步态不正常，吞咽有困难	不能。此病症初现于3~4周龄的幼猫	无治疗措施。每次给患病猫咪少量液体食物以避免窒息风险	德文卷毛猫
低钾性多发性肌病	与肾衰相关的肌肉萎缩，患病猫咪会步态僵硬和头部颤动	可以。对缅甸猫有基因筛查措施	可利用钾口服液来控制病情	缅甸猫和亚洲猫
溶酶体贮积症	影响许多机体功能（包括神经系统功能）的各种酶缺乏症	可以。某些类型的溶酶体贮积症有基因筛查措施	没有有效疗法，患病猫咪通常较早死亡	波斯猫、异国短毛猫、暹罗猫、东方短毛猫、巴厘猫、缅甸猫、亚洲猫和泰国科拉特猫
多囊性肾病	肾脏中生成许多液体包囊，最终导致肾衰	可以。有基因筛查措施	没有治愈方法。可应用药物来减轻肾脏负担	波斯猫、异国短毛猫和英国短毛猫
进行性视网膜萎缩症	视网膜中视杆和视锥的退化，导致早盲	可以。基因筛查措施可检出见于阿比西尼亚猫和索马里猫的进行性视网膜萎缩症	没有治愈方法。患病猫咪应当尽可能被保证安全，远离潜在危险	阿比西尼亚猫、索马里猫、波斯猫和异国短毛猫
软骨骨质化发育异常	很痛苦的关节退化病变，可导致尾巴、脚踝和膝盖软骨的融合	不能。为预防此病，折耳猫应当和正常耳朵猫咪进行交配	缓释剂可以帮助减轻关节疼痛和肿胀	苏格兰折耳猫
曼岛猫综合征	脊椎过短，从而导致脊髓受损，影响膀胱、肠道和消化	不能。没有特定筛查措施诊断这一严重的无尾猫疾病	无治疗措施。大多数幼猫在显现症状时被实施安乐死	曼岛猫

繁育责任 （RESPONSIBLE BREEDING）

繁育纯种猫咪可能听起来像是一件令人愉快也有利可图的事情，但充当繁育者可算是一个重要承诺。大多数成功的繁育者有着多年的经验。如果你决定了要繁育猫咪，务必投入大量时间（和金钱）来研究、准备和呵护怀孕的猫咪以及它的新生猫宝宝。

一窝幼猫经常包括
多种被毛的组合

重要决定

在试手繁育猫咪之前，你一定要知道自己的目标是什么，获取尽可能多的建议和详细信息。出售给你纯种母猫的繁育者能够提供不少有价值的建议，你也需要充分了解猫咪基因学，尤其是被毛颜色和花纹，因为一窝幼猫可能拥有混合特征。你必须了解与你的猫咪品种相关联的遗传性疾病（见244、245页）。纯种猫售价可达数千元，但这一收入会被配种、兽医诊费、幼猫暖育、登记费和猫妈妈以及幼猫（断奶后）的额外食物支出所抵消。如果你找不到合适的幼猫安置家庭，还得负担养育多只猫咪的长期费用。

怀孕的猫咪
一只家猫的孕期通常
持续63~68天。

怀孕和分娩

如果猫咪配种成功，它最迟在第4周就会出现明显的怀孕迹象，你要给它补充额外食物，并咨询兽医有关猫咪可能需要的任何补充营养。在猫咪怀孕末期，用纸盒子给它做一个窝，里面铺上可被它撕碎的普通纸张。你要陪伴猫咪左右，以保证分娩顺利进行。你要务必清楚要发生的情况，兽医可以提示你分娩的每一阶段会发生的状况。猫咪分娩后，你的主要职责是对幼猫进行社交训练，以便在12周龄时它们能准备好适应新家。

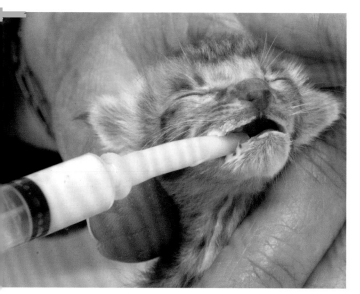

人工喂养
如果幼猫生长不够茁壮，你需要用细管子来喂它猫奶替代品，大约每两小时一次。你可以咨询兽医有关喂养幼猫的事宜。

阉割

如果你不想让你的猫咪繁育后代，建议你对猫咪实施外科绝育手术（阉割）。公猫经简单手术可以摘除睾丸。阉割后的公猫很少在室内随处撒尿，攻击性大减，较少会在领地争斗中受伤或在打架和交配中传染疾病。母猫的阉割称为卵巢摘除术，是一项摘除卵巢和部分子宫的大手术。这对母猫的寿命有积极影响，也减少了母猫常见癌症的发病风险。

幸福之家
如果幼猫都很健康，猫妈妈唯一需要的帮助是额外提供的食物，以帮助它为幼猫们产下足够的奶水。如果猫妈妈信任你，它会允许你一开始就爱抚幼猫。

术语（GLOSSARY）

白化病：缺乏给皮肤、被毛和眼睛染色的天然色素。在猫咪中真正的白化病非常罕见，但部分白化病症会造成重点色被毛图案（如暹罗猫）或毛色变异（如银色斑纹）。

杏仁眼：平眼角的椭圆形眼睛，常见于阿比西尼亚猫和暹罗猫一类的品种。

芒毛：略长的粗硬毛，与柔软的底毛一起构成猫咪的里层被毛。

双色：白色和另一种颜色结合的被毛花纹。

斑点虎斑：经典斑纹的另一种称呼。

蓝色：淡灰色到中度灰色的被毛颜色，为黑色的冲淡色。纯蓝色的猫咪品种包括俄罗斯蓝猫，泰国科拉特猫和夏特尔猫。

镯纹：斑纹猫咪腿部的深色水平条纹。

马裤：长毛猫后肢后上部分的超长被毛，状若马裤。

品种标准：一家猫咪注册机构制定的详细品种描述，以确定纯种猫咪的身体构造、被毛和毛色等标准要求。

卡利科色：玳瑁色和白色花纹在美国的称谓。

豆沙色：红色或冲淡的红色形成的奶油色被毛，白色部分覆盖毛干的2/3。

食肉动物：以肉食为主的掠食性动物。

猫迷：热衷繁育和展示纯种猫咪的人士。

猫咪注册机构：设定猫咪品种标准和登记注册纯种猫咪的组织。

猫迷协会（CFA）：世界最大的纯种猫注册机构，总部在北美地区。

巧克力色：淡棕色或中度棕色的被毛颜色。

染色体：细胞核内的线形结构，包含顺基因链排列的基因。猫咪拥有38条染色体，排列为19对互相对应的染色体（人体有46条染色体，分为23对）。

矮脚马身材：健壮紧凑、骨骼粗壮的躯干体形，见于如波斯猫一类的品种。

卷耳：猫咪的耳朵向后弯曲，如美国卷耳猫。

冲淡色：由冲淡基因造成的被毛颜色的淡化，比如黑色变化为蓝色，红色变化为奶油色。

家猫：纯种或杂交猫咪品种的成员。

显性基因：从父母一方遗传的基因，可以覆盖继承自父母另一方的对应隐性基因。比如，斑纹被毛基即为显性基因。

下毛：短而柔软的细毛，在一些猫咪品种身上构成里层被毛。

双层被毛：里层为厚而柔软的被毛，外层为起保护作用的卫毛。

丛毛（Feathering）：在猫咪腿部、足部和尾部生长的长毛。

野性：指回归野性的家猫。

欧洲猫协联盟（FIFe）：欧洲最大的猫咪注册机构联盟。

折耳：猫咪耳朵向前和向下折起，见于如苏格兰折耳猫一类的品种。

猫迷管理委员会（GCCF）：英国最大的猫咪注册机构。

基因库：在一个猫咪杂交种群内部的完整基因汇聚。

"幽灵"斑纹：一只单色猫咪的被毛在某种角度显现的淡色斑纹。

底色：斑纹的背景色，有许多变体，其中最常见的有棕色、红色和银色。

卫毛：长而逐渐变细的毛，构成猫咪的外层被毛，起防水作用。

杂交：用两个不同的猫咪品种来杂交繁育后代，比如孟加拉猫是家猫和亚洲豹猫的杂交品种。

鼻尖：猫咪鼻子末端无毛的部位，鼻尖颜色随被毛颜色变化，在纯种猫咪的品种标准中有明确界定。

淡紫色：为棕色的冲淡色。

"M"形斑纹：斑纹猫咪前额上典型的"M"形斑纹，也称为"皱眉"纹。

大理石斑纹：经典斑纹的变体，多见于家猫与野猫的杂交后代，如孟加拉猫。

眼线：猫咪眼睛外缘的黑色线，有时环绕整个眼睛。

假面：猫咪面部的深色区域，通常环绕鼻口部和眼睛。

"手套"纹：猫咪爪子周围的白色区域，状若手套。

变异：细胞内DNA（脱氧核糖核酸）的改变，多为偶然现象。猫咪基因变异的影响包括无毛、折耳或卷耳、卷曲被毛和短尾。

杂色：有两种或更多毛色的猫咪被毛的统称，其中一种多为白色。

重点色：猫咪被毛类型的一种，淡色被毛的末端为深色（头部、尾部和腿部的被毛），典型代表为暹罗猫。

多趾畸形症：基因突变引起多余脚趾，常见于某些品种，但只有北美短尾猫的品种标准接受这一特征。

隐性基因：这种基因如果同时从父母双方继承，就可以产生影响；如果一只猫咪从父母一方继承隐性基因，而从另一方继承显性基因，则隐性基因的影响会被覆盖。造成某些眼睛颜色和长被毛的基因即为隐性基因。

卷曲被毛：卷曲或波浪状的被毛，如德文卷毛猫和柯尼斯卷毛猫的被毛。

领毛：环绕颈部和胸部的褶边长毛。

选择繁育：拥有理想特征（比如特定的被毛颜色和花纹）的猫咪品种之间的交配。

单色：单一毛色在被毛上顺毛干均匀分布，在美国称为"纯色"。

半长被毛：中等长度的被毛，通常里层被毛极少。

乌贼色：在较淡的底层被毛上分布有深褐色条纹。

阴影色：每根毛的1/4末端处着色的被毛。

单层被毛：只有一层卫毛组成的外层被毛，见于巴厘猫和土耳其安哥拉猫一类猫咪的被毛。

烟色：被毛上每根毛的毛根处呈淡白色，毛干的上半端着色。

栗色：即红棕色，用于描述阿比西尼亚猫和索马里猫的被毛颜色，在美国称为红色。

鼻止：鼻口部和头顶之间的凹陷，也称为裂隙。

斑纹：基因主导的被毛花纹，有四种类型：经典斑纹有红色斑纹和涡纹；鲭鱼斑纹有鱼骨纹；斑点纹有玫瑰结纹和斑点；多层色斑纹在多层色被毛上纹理较淡。

性格：猫咪的综合品性。

国际猫协会（TICA）：世界范围的纯种猫咪基因注册机构。

多层色：在多层色被毛中，毛干中的黑色素带和淡色带交替出现。

毛尖色：只有每根毛的尖端，约总长度的1/8沉淀有黑色素，其余部分通常为白色。

外层被毛：由卫毛组成的被毛外部层面。

玳瑁色：黑色和红色或其冲淡色混合组成的被毛花纹。

玳瑁白色：白色被毛居多的玳瑁色花纹，在美国叫作卡利科色。

玳瑁色斑纹：带有斑纹的玳瑁色花纹。

三色被毛：白色加另外两种颜色的毛组成的被毛。

丛毛（Tufts）：猫咪身上可见的簇生长被毛，如长在脚趾间和耳朵上的丛毛。

里层被毛：外层被毛下的毛层，通常短而柔软。

梵猫花纹：一种重点色花纹，重点色只局限于耳朵和尾巴，如土耳其梵猫。

楔形：除了平脸的波斯猫外，大多数猫咪品种具有三角形面部构造，暹罗猫和东方短毛猫的脸形更为瘦长。

鞭形尾：尾巴细而富有弹性。

胡须垫：在猫咪鼻口部两侧生长的肉垫，猫咪的胡须排列其中。

刚毛：由基因突变引起的罕见猫咪被毛类型，被毛在毛尖处扭结或弯曲，使其质地粗硬而有弹性，可见于美国刚毛猫。

索引（INDEX）

致谢（ACKNOWLEDGMENTS）

出版商非常感谢下列协助本书出版的人员：
For allowing us to photograph their cats: Sphynx and Devon Rex - Susan Rust (ketcherex.tripod.com); Selkirk Rex, Scottish Fold, and British Shorthair –Jan Bradley (www.sheephouse.co.uk); Maine Coon and Ragdoll - Dorothea Uebele (www.applause-pedigreecats.co.uk); Pixiebob and Bengal -Joolz Scarlett (www.arcatia-bengals.com); Siamese and Oriental Shorthair –Pat Cherry (www.ciatra-siamese-orientals.co.uk); Benga-E A Slater (www.junglefirebengals.co.uk); Persian- Isobella Bangs (lafrebella.tripod.com); American Curl and British Shorthair-Claire Winman (www.americancurls.com).

Tadley Pet Supplies, Baughurst, Hampshire (www.tadleypetsupplies.co.uk), for the loan of cat toys and equipment; Paul Self for equipment photography; Rob Nunn and Myriam Megharbi for additional picture research; Mitun Banerjee for design help; Alison Logan for advice on the "Health and Breeding" chapter; Caroline Hunt for proofreading; and Helen Peters for the index.

出版商非常感谢下列允许复制其摄影图片的公司：
(Key: a–above; b–below/bottom; c–centre; f–far; l–left; r–right; t–top)

5 Animal Photography: Tetsu Yamazaki (bl). 6–7 Getty Images: Michelle McMahon / Flickr Open. 9 Alamy Images: Blickwinkel (br). Dreamstime.com: Natalya Sidorova (tr). 10 Dreamstime.com: Dragonika (cl). 11 Dreamstime.com: Lrlucik. 12 Dreamstime.com: Melinda Fawver (bl). 13 Dreamstime.com: Pjatochka (cl). 14 fotoLibra : Darran Scott (b). 20 Alamy Images: Juniors Bildarchiv GmbH (bl). 21 Dreamstime.com: Marko Bojanovic. 22 Alamy Images: Juniors Bildarchiv GmbH (b). 23 Alamy Images: ZUMA Press, Inc. (bl). Dreamstime.com: Jura Vikulin (tr). 24–25 Alamy Images: Juniors Bildarchiv GmbH. 27 Animal Photography: Sally Anne Thompson (bl). 29 Alamy Images: Petographer (ca). Janet Poulsen: (b, tr). 31 Larry Johnson: (cl, b, tr).

37 Dreamstime.com: Sheila Bottoms. 40 Ardea: Jean-Michel Labat (cl, tr); Jean Michel Labat (b). 41 Alamy Images: Tierfotoagentur (cl, tr, b). 46 Animal Photography: Alan Robinson (cl, tr, b). 48 Alamy Images: Top-Pet-Pics. 52 Animal Photography: Helmi Flick (cl, tr, b). 53 Alamy Images: Juniors Bildarchiv GmbH (cl, b, tr). 54–55 Dorling Kindersley: Tracy Morgan-Animal photography. 58 Chanan Photography: (cl, b, tr). 59 Animal Photography: Alan Robinson (cl, tr). 61 Animal Photography: Tetsu Yamazaki (b). Dreamstime.com: Vladyslav Starozhylov (cl, tr). 62–63 Alamy Images: Zoonar GmbH. 65 Fotolia: Callalloo Candcy (b). 67 Corbis: Yoshihisa Fujita / MottoPet / amanaimages. 68–69 Dorling Kindersley: Tracy Morgan-Animal Photography. 72–73 Dreamstime.com: Lilun. 78 Alamy Images: Juniors Bildarchiv GmbH (cl); Tierfotoagentur (tr, b). 79 Animal Photography: Tetsu Yamazaki (cl, tr, b). 81 Alamy Images: MJ Photography (b). 82 Petra Mueller: (cl, bl, br, tr). 84–85 Animal Photography: Alan Robinson. 86 Animal Photography: Helmi Flick (cl, tr, b). 87 SuperStock: Marka (b, cl, c, tr). 88 Getty Images: Datacraft Co Ltd. 90 Chanan Photography: (cl, tr). Robert Fox: (b). 91 Animal Photography: Helmi Flick (cl, tr, c, b). 93 Animal Photography: Tetsu Yamazaki (cl, tr, b). Dreamstime.com: Sarahthexton (cl). 96 Alamy Images: Juniors Bildarchiv GmbH (c, tr, b). naturepl.com: Ulrike Schanz (cl). 97 Animal Photography: Helmi Flick (tr); Tetsu Yamazaki (cl, b). 98 Animal Photography: Helmi Flick (b, tr). SuperStock: Juniors (cl). 99 Animal Photography: Helmi Flick (b). Ardea: Jean-Michel Labat (cl, tr). 100 Getty Images: Benjamin Torode / Flickr. 101 Dreamstime.com: Ekaterina Cherkashina (cl, b); Linncurrie (c, tr). 102 Animal Photography: Helmi Flick (cl, b, tr). 103 Alamy Images: Idamini (c, tr, b). 104 Animal Photography: Helmi Flick (c, tr, b). 105 Animal Photography: Helmi Flick (cl, b, tr). 106–107 Dorling Kindersley: Tracy Morgan-Animal Photography. 108 Animal Photography: Helmi Flick (cl, tr, b). 109 Animal Photography: Tetsu Yamazaki (cl, tr, b). 110

Alamy Images: Juniors Bildarchiv GmbH (c). Animal Photography: Alan Robinson (cl). 111 Animal Photography: Helmi Flick (cl, tr, b). 112 Dreamstime.com: Elena Platonova (tr, b); Nelli Shuyskaya (cl). 113 Animal Photography: Helmi Flick (cl, b, tr). 114 Animal Photography: Sally Anne Thompson. 116 Chanan Photography: (tr, cl, b). 117 Dave Woodward: (cl, b, tr). 118–119 Dorling Kindersley: Tracy Morgan-Animal Photography. 120 Fotolia: Artem Furman (cl, tr, b). 121 Fotolia: eSchmidt (cl, b). 122 Alamy Images: Tierfotoagentur (cl, tr, b). 123 Animal Photography: Alan Robinson (cl, tr, b). 124–125 Dorling Kindersley: Tracy Morgan-Animal Photography. 126 Dreamstime.com: Oleg Kozlov. 128–129 Dorling Kindersley: Tracy Morgan-Animal Photography. 130 Alamy Images: Juniors Bildarchiv GmbH (tr, b); Tierfotoagentur (cl). 131 Animal Photography: Tetsu Yamazaki (cl, tr, b). 132 Dorling Kindersley: Dawn Trick (cl). 135 Dreamstime.com: Victoria Purdie (bl). 136–137 Dorling Kindersley: Tracy Morgan-Animal Photography. 138 Chanan Photography: (b, tr, c). 143 Alamy Images: Juni.rs Bildarchiv GmbH (b). Dreamstime.com: Petr Jilek (cl, tr). 144–145 Alamy Images: JTB Media Creation, Inc.. 147 Chanan Photography: (b, cl, tr). 149 Dreamstime.com: Isselee (cl, tr, b). 151 Chanan Photography: (b, tr, cl). 153 Alamy Images: Petra Wegner. 158 Chanan Photography: (tr, cl, b). 163 Alamy Images: PhotoAlto. 164–165 Dorling Kindersley: Tracy Morgan-Animal Photography. 166–167 Corbis: Julie Habel. 169 Animal Photography: Tetsu Yamazaki (cl, b, tr). 171 Alamy Images: Petra Wegner (cl, tr, b). 172 Animal Photography: Tetsu Yamazaki (b). 173 Dreamstime.com: Prillfoto (tr). 174–175 Alamy Images: Juniors Bildarchiv GmbH. 174 Ardea: Jean-Michel Labat (b). 177 Alamy Images: Tierfotoagentur (cl, bl, tr). Animal Photography: Tetsu Yamazaki (b). 179 Animal Photography: Tetsu Yamazaki (cl, tr, b). 180 Animal Photography: Tetsu Yamazaki (cl, b, tr). 181 Animal Photography: Tetsu Yamazaki (cl, tr, b). 182 Animal Photography: Helmi Flick (c, tr, b).

184–185 Dorling Kindersley: Tracy Morgan-Animal Photography. 186 Alamy Images: Idamini (tl, tr, b). 187 Alamy Images: Idamini. 188 Chanan Photography: (cl, tr, b). 189 Animal Photography: Helmi Flick (cl, tr, b). 190–191 Dorling Kindersley: Tracy Morgan-Animal Photography. 193 Animal Photography: Helmi Flick (tr, b); Tetsu Yamazaki (cl). 194 Animal Photography: Tetsu Yamazaki (cl, tr, b). 195 Olga Ivanova: (cl, tr, b). 196 Animal Photography: Helmi Flick (cl, tr, b). 197 Animal Photography: Leanne Graham. 198 Alamy Images: Corbis Premium RF (bl). 199 Dreamstime.com: Ijansempoi. 200–201 Alamy Images: Arco Images GmbH. 202 Dreamstime.com: Joyce Vincent (bl). 203 Alamy Images: imagebroker (cl). Corbis: Michael Kern / Visuals Unlimited (tc). 204 Dreamstime.com: Stuart Key (tr). 207 Corbis: Image Source (t). Dreamstime.com: Maxym022 (br). 210 Alamy Images: Juniors Bildarchiv GmbH (l). 212 Photoshot: NHPA (b). 214 Dreamstime.com: Saiko3p (b). 215 Alamy Images: Juniors Bildarchiv GmbH (tr). 216 Dreamstime.com: Frenc (tr); Eastwest Imaging (l). 217 Alamy Images: Juniors Bildarchiv GmbH (bl). 218 Dreamstime.com: Jeroen Van Den Broek (cr). 219 Dreamstime.com: Niderlander (br). 220 Corbis: Frank Lukasseck (b). 221 Dreamstime.com: Mitja Mladkovic. 223 Dreamstime.com. 224 Dreamstime.com: Mimnr1 (tr). Fotolia: Callalloo Candcy. 225 Alamy Images: Rodger Tamblyn (crb). 226 Dreamstime.com: Miradrozdowski (cr). 231 Alamy Images: Juniors Bildarchiv GmbH (cl, tr). 232 Ardea: John Daniels (bl). 233 Dreamstime.com: Willeecole (r). 235 Dreamstime.com: Jana Horova (tl). 236–237 Corbis: D. Sheldon / F1 Online. 238 Fotolia: Eléonore H (cr). 239 Getty Images: Fuse. 240 Fotolia: Callalloo Candcy (tr). 241 Getty Images: Danielle Donders – Mothership Photography / Flickr Open (cb). 243 Fotolia: svetlankahappy (tl). 247 Photoshot: Juniors Tierbildarchiv

All other images © Dorling Kindersley. For further information see: www.dkimages.com

Original Title: The Complete Cat Breed Book

Copyright©2013 Dorling Kindersley Limited, London

本书由英国多林·金德斯利有限公司授权河南科学技术出版社独家出版发行

版权所有，翻印必究
著作权合同登记号：图字 16—2013—138

图书在版编目（CIP）数据

世界名猫驯养百科／（英）丹尼斯–布莱恩编著；章华民译.—郑州：河南科学技术出版社，2015.7
（2021.7重印）
ISBN 978–7–5349–7629–2

Ⅰ.①世… Ⅱ.①丹… ②章… Ⅲ.①猫—驯养 Ⅳ.①S829.3

中国版本图书馆CIP数据核字（2015）第010636号

出版发行：河南科学技术出版社
　　　　　地址：郑州市郑东新区祥盛街27号　　邮编：450016
　　　　　电话：（0371）65737028　65788613
　　　　　网址：www.hnstp.cn
策划编辑：刘　欣
责任编辑：葛鹏程
责任校对：张小玲
封面设计：张　伟
责任印制：张艳芳
印　　刷：鸿博昊天科技有限公司
经　　销：全国新华书店
幅面尺寸：195 mm×235 mm　　印张：16　字数：350千字
版　　次：2015年7月第1版　　2021年7月第8次印刷
定　　价：98.00元

如发现印、装质量问题，影响阅读，请与出版社联系并调换。

FOR THE CURIOUS
www.dk.com